互相牽引的磁力

這金屬球竟違反地心吸力！當它靜止地被吊在空中，居然不是垂直下來，而是保持傾斜！

基於金屬球和底盤的 6 個數字內都藏有磁石，故能產生異極相吸的特性，令金屬球最終會被其中一格數字「拉住」。

* 關於磁場和磁力的詳細知識，可重溫過去 2 期的「科學實踐專輯」和「科學實驗室」。

如果無磁石，金屬球就會垂直懸垂。

金屬球被底盤邊緣的磁石吸引，故能懸空傾斜。

你們如何證明金屬球和底盤內有磁石？從外表看不出來啊。

只要用含有鐵的萬字夾，就能找出磁石的位置！

如何找出磁石的位置？

1

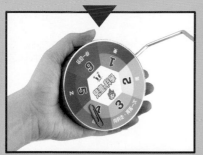

▲ 如圖垂直地拿底盤，然後把萬字夾放在中央「兒童的科學」文字上。一旦放手，萬字夾就會掉落，再被下方的數字吸住。這證明底盤中央無磁石。

2

▲ 平放底盤，在每個數字上各放一個萬字夾，再把底盤垂直。但萬字夾並無掉落，證明數字下方有磁石吸住萬字夾。

3

▲ 把萬字夾貼近金屬球的下方，萬字夾就會被吸住。然後，把支架上下倒轉，連接金屬線的半邊球面卻不能吸起萬字夾，證明只有金屬球的下半部內藏磁石。

- 請把支架末端插至底盤圓洞的盡頭。
- 安裝後，請勿從底盤拆除支架。
- 如遇支架變鬆而難以直立，可於每次搖動金屬球時扶直支架。

擺動的力量來源：重力位能與動能

真奇怪！我只是拉高金屬球再放手，並沒用力推動它，為何它仍會來回擺動？它的動力是怎樣來的？

能量以多種形式存在，例如熱能、光能和化學能等。這些能量的形式可互相轉換。

金屬球來回擺動，就是重力位能和動能互相轉換的過程啊！

美國麻省的 Holyoke 水力發電系統

高位能

低位能

重力位能又稱引力勢能，因地球重力而產生。

這是一種潛在的能量，當物體的質量和所在位置愈高，就會儲存愈大的重力位能。

當物體由高處向下墜落時，重力位能就會一邊減低，一邊轉化為動能。

▲瀑布或水壩都有大量的水從高處流下，其極大的重力位能轉換成動能，推動發電輪，從而轉換成電能。

金屬球擺動時的能量轉換

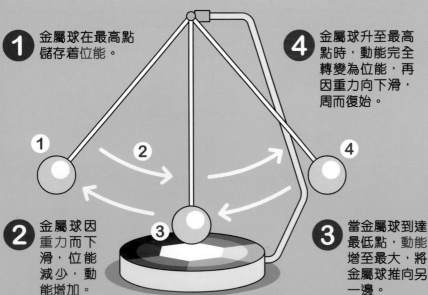

1 金屬球在最高點儲存着位能。

4 金屬球升至最高點時，動能完全轉變為位能，再因重力向下滑，周而復始。

2 金屬球因重力而下滑，位能減少，動能增加。

3 當金屬球到達最低點，動能增至最大，將金屬球推向另一邊。

金屬球停下的因素

1 能量在轉換過程中，會有所損失。經多次互相轉換後，能量最終會用盡。

2 金屬線在移動時與支架的接駁位置產生摩擦力，這種力和空氣阻力會消耗動能。

3 金屬球每次掠過底盤都會被磁力吸引，其動能因擺脫吸力而消耗。當動能用盡，便會被磁力牢牢吸住。

翌日……

今天天氣晴朗，還不快點起航？

誰叫我搖到「停一回合」，只好照辦啦。

可惡！那只有6分之1機率，你居然搖第一下就中了？

機率

機率又稱為或然率、機會率或概率，用來表達在某一件隨機事件中，某個結果出現的機會。

機率以0至1之間的數值去表示，這個數值可以是分數、小數或百分數。

機率最小是0，代表不可能發生。

0 ... 1

最大是1，代表必定發生。

愈接近0，表示愈不可能發生。

愈接近1，表示愈可能發生。

某事件的機率 = 所求結果的數目 / 全部可能的總數

這麼說來，擲骰子也包含機率的原理呢！

磁動決策儀的底盤有6種顏色，內藏6顆磁石，而每種顏色面積相同，每顆磁石之間的距離亦均等，所以搖至任何一處的機會均等。

因此「全部可能的總數」為6，任何一個結果出現的概率是6分之1。

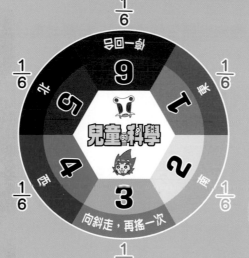

$\frac{1}{6}$

停一回合

6

1 東

5 北

兒童的科學

4 南

2 西

3

向斜走，再搖一次

$\frac{1}{6}$ $\frac{1}{6}$ $\frac{1}{6}$ $\frac{1}{6}$ $\frac{1}{6}$

骰子是正多面體，而磁動決策儀底盤是正圓形，再以正六邊形作分割，它們都有等距、等面積和對稱的特性，這能確保每個結果出現的機率相等。

磁動決策儀中有5格能決定方向，所以人魚認為我們出航的機率是6分之5，但事與願違。可見就算機率較大，也未必會發生啊！

愛因獅子冒險船隊
用磁動決策儀航行了
一段時間後⋯⋯

船長，我們被人魚騙了！

怎麼了？

他們說機率是 6 分之 1，而各個結果的機會均等，但實際並非如此！

金屬球指向各顏色的次數記錄

紅色：50 次

橙色：53 次

黃色：38 次

綠色：40 次

藍色：46 次

紫色：43 次

根據航海記錄，搖出橙色的次數高出很多！

其實，我們的情況和人魚的理論有出入，這是很正常的！

理論機率 vs 實驗機率

　　人魚單憑考慮所有可能出現的結果去預測事情，所計算的機率就是理論機率。

　　相反，伏特犬根據實際測試來統計結果後，再算出的機率就稱作實驗機率。

一起來計算實驗機率！

根據以上記錄，磁動決策儀的結果總數：50 + 53 + 38 + 40 + 46 + 43 = 270 次

出現某一顏色的實驗機率 = 指向該顏色的次數 ÷ 結果總數

（四捨五入至小數後 2 位）

紅色 $\frac{50}{270}$ = 50÷270 = 0.19

綠色 $\frac{40}{270}$ = 40÷270 = 0.15

把理論機率「6 分之 1」換算成小數，大約是 0.17，這與左方的計算結果相差 0.03 以內，是可接受的範圍。

橙色 $\frac{53}{270}$ = 53÷270 = 0.20

藍色 $\frac{46}{270}$ = 46÷270 = 0.17

黃色 $\frac{38}{270}$ = 38÷270 = 0.14

紫色 $\frac{43}{270}$ = 43÷270 = 0.16

　　理論機率與實驗機率必有差異，但兩種數值通常相近。只是，如實驗次數不多，結果容易偏離理論機率。當實驗次數愈多，就愈有可能接近理論機率。

冒險船隊繼續航行……

啊，搖到「南」了。

甚麼？又是「南」嗎？

幾天後……

我已經連續6次搖到「南」了，下次總會搖到其他結果吧？

你這是犯了賭徒謬誤啊！

賭徒謬誤

這是一種常見的機率謬誤。犯了這種謬誤的人認為，由於某事發生了很多次，因此接下來不太可能發生；或者某事很久都沒發生，因此接下來很可能會發生。

▶這是賭徒常有的想法，故名賭徒謬誤。

誰要參加賭大小？擲到1、2或3點就算開「小」，擲到4、5或6點就算開「大」！

嗯……連續很多局開「大」了，那下一局應該會開「小」吧？

萊萊鳥又得手了！你們多傳球給她！她一定會再入球！

但她開始累了，而且對手亦已加固防守……

熟手謬誤

這跟賭徒謬誤的情況相反。犯了這種謬誤的人認為，由於某件事發生了很多次，所以很有可能再次發生。

◀「熟手」一詞來自籃球術語 hot hand，形容球員在一場比賽中常常入球。這很易令人產生錯覺，以為球員接下來也會繼續入球，但其實這並不理性，畢竟有很多因素影響入球率。

這麼說來，不少賭徒也會犯熟手謬誤！當他們連續獲勝時，就覺得運氣很好，於是加大賭注，結果把錢輸清光……

其實，不管是擲骰還是用磁動決策儀，每次結果都是一項「獨立事件」，其機率都應獨立計算，不受先前結果影響啊！

如何把圓形分成 6 等分？

方法 1：用圓規、直尺和量角器

1

用圓規畫一個半徑為 4.8cm 的圓形，標出圓心。再畫一條直線，如圖穿過圓心和兩邊的圓周。

2

用量角器於直線的 60 度和 120 度處各標一點。

3

如圖畫兩條線，分別貫穿該兩點及圓心，到達圓周兩邊，這樣就把圓形分成 6 等分。

4

剪出圓形，寫上你想做的事，用萬用貼貼在磁動決策儀。

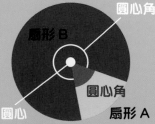

扇形 B

圓心角

扇形 A

圓心角

圓心

圓心角與正多邊形

從圓心出發，畫 2 條線至圓周，其夾角就叫圓心角。由於整個圓形分成 360 度，如將圓形分成多個扇形，所有扇形內的圓心角加起來就等於 360 度。

若在圓形內任意畫出一個正多邊形，其所有頂角都碰到圓周，圓心就是多邊形的中心點。只要把圓心與頂角連線，就會出現多個角度相等的圓周角。因此，只要將 360 除以該多邊形的邊數，就能知道每個圓周角的角度。

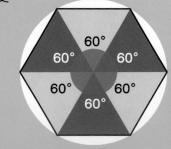

◀以六邊形為例，計算 360 ÷ 6 = 60，得出每個圓周角是 60 度。只要每 60 度畫一條半徑，就能把圓形分成 6 等分。然後將線的末端連起來，就畫出一個正六邊形了！

方法 2：只用圓規和直尺

1

用圓規畫一個半徑為 4.8cm 的圓形，標出圓心並稱之 P 點，這個圓形稱作「P 圓」。

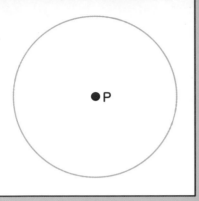

2

在圓周上隨意標出一點，作圓心 A，並用圓規畫出一條半徑 4.8cm 的弧線。

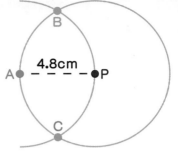

此弧線如圖與 P 點及 P 圓周線上的 2 點相交，該 2 個交點分別稱作 B 和 C。

3

用筆以及直尺把 A 點、B 點和 C 點分別與 P 點連直線，所有直線須貫穿 P 圓的圓周。

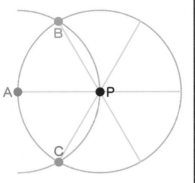

4

剪出圓形，用擦膠擦走弧線。若想模仿教材的樣式，可在所有半徑的 2.5cm 處標一點，把彼鄰的點相連，就能在中央畫出正六邊形(紅色部分)。

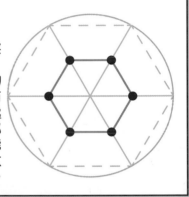

尺規作圖

這是源於古希臘的數學課題，只用圓規和沒有刻度的直尺來畫出幾何圖形。

在方法 2 中，只要把所有直線末端連在一起，就能畫出一個正六邊形（上方圖 4 的綠色虛線部分）。

別偷懶！快去辦貨補給！做完正經事才想去哪裏玩吧！

知道～

沒收！

大自然的六邊形

在自然界中有許多正六邊形的結構，包括雪花、蜂巢和鉛筆原料「石墨烯」的原子結構。若放眼至宇宙，位於土星北極的風暴旋渦外圍亦呈現正六邊形呢！

▲顯微鏡下的雪花

◀為解釋「土星六邊形」現象，科學家在球形水槽內製造旋渦，當中心轉速與外圍轉速不同，旋渦邊緣就會呈多邊形。

© 海豚哥哥 Thomas Tue

聽到「咩咩」的叫聲，大家就知道今期的主角是誰了！

咩咩——等了許久，終於到我出場了！

家山羊（Domestic Goat，學名：*Capra hircus*）是人類最早馴養的家畜之一，估計有超過 8000 年歷史。牠們身長可達 120 厘米，體重可達 120 磅。身體大多為白色或棕色，頭上有呈弧形的角，下巴有長鬍鬚，尾巴短小向上翹起，腳上長有雙蹄。

聰明活潑的山羊

© 海豚哥哥 Thomas Tue

山羊主要吃草、樹葉、植物根部為生，喜歡在森林、草原和懸崖上棲息。牠們分佈於全世界，當中以印度和中國的數量為最多，壽命估計可達 18 歲。

◀山羊是群居動物，喜歡與同伴一起玩耍和攀爬。

© 海豚哥哥 Thomas Tue

▶山羊的眼睛長在頭部兩側，瞳孔形狀呈闊的長方形，適合在廣闊的草原上觀察寬闊的環境。即使牠們正在低頭食草，也能同時看到正在逼近的敵人。

© 海豚哥哥 Thomas Tue

▲山羊的活動能力很強，懂得爬樹獲取食物，又能在懸崖峭壁上走動，這是因為其腳上擁有分趾蹄和似橡膠的蹄底。

如有興趣親眼觀察中華白海豚，請瀏覽網址：eco.org.hk/mrdolphintrip

收看精彩片段，請訂閱Youtube頻道：「海豚哥哥」
https://bit.ly/3eOOGlb

海豚哥哥簡介

f 海豚哥哥 Thomas Tue

自小喜愛大自然，於加拿大成長，曾穿越洛磯山脈深入岩洞和北極探險。從事環保教育超過20年，現任環保生態協會總幹事，致力保護中華白海豚，以提高自然保育意識為己任。

為了前往極地探險，蝸利略和
愛迪蛙乘搭破冰船。

正文社 YouTube 頻道

嘟一嘟在正文社 YouTube
頻道搜尋「#206DIY」
觀看製作過程！

製作時間：2 小時

製作難度：★★★★☆

破冰船出航！

甚麼是
破冰船？

顧名思義，破冰船
是一種可破開浮冰
的船，可在海冰覆
蓋的水域航行。

它的船體比一般船隻堅固，
而且其形狀經特別設計；
引擎通常以柴油驅動，但
也有破冰船使用核能引擎。

製作步驟

工具：剪刀、剝刀、白膠漿

⚠ 請家長陪同使用剪刀和剝刀。

1 剪出船身紙樣，並將左右兩邊摺起。

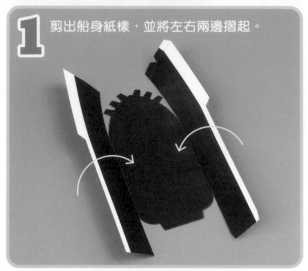

2 黏合船頭。

3 剪出甲板紙樣，將甲板中段黏合在船體上。

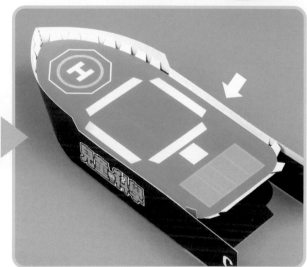

4 黏貼甲板的前半部分。

5 黏合船尾。

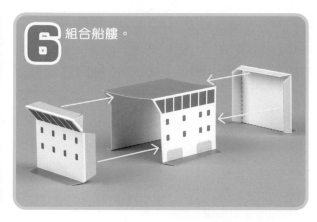

6 組合船艛。

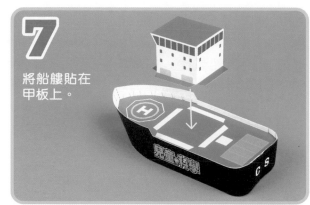

7 將船艛貼在甲板上。

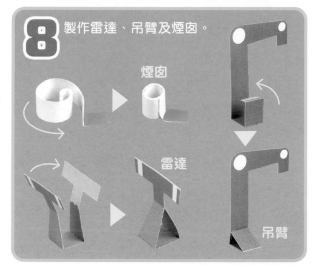

8 製作雷達、吊臂及煙囪。

煙囪

雷達

吊臂

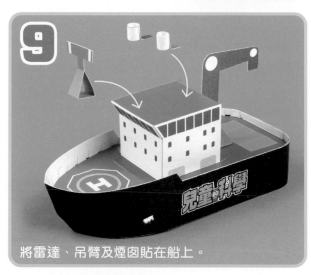

9 將雷達、吊臂及煙囪貼在船上。

完成！

須使用破冰船航行的水域

日本

俄羅斯

北極

加拿大

北歐

格陵蘭

▶ 北極的航道較多，常以破冰船航行其中。

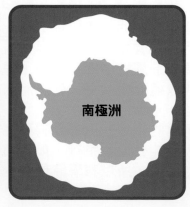

南極洲

◀ 南極附近都是開闊水域，通常只有前往南極或接近南極的孤島，才須用上破冰船。

破冰船怎樣破冰？

　　破冰船的船體比一般船隻堅固，可抵禦海冰撞擊。另外，船的形狀經特別設計，可推開或壓破浮冰，從而在海冰中開拓出一條航道。

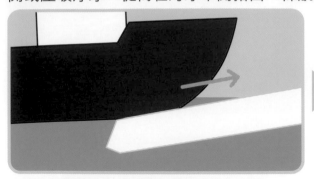

▲破冰船利用強大的引擎，將船頭推上冰面。

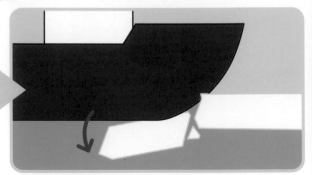

▲船的重量會壓碎部分海冰，再將其壓入海中及推向左右兩邊，這樣船就能繼續前進。

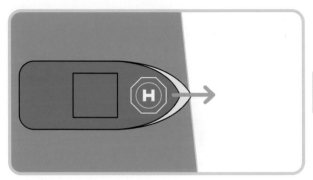

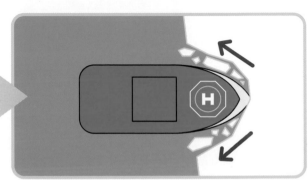

居然可將冰山劈開，厲害！

是海冰，不是冰山啊。

▲海冰是因海面結冰形成的冰層，較平而且較薄。

極地航行的目的

　　有時，貨櫃船或運油船等船隻取道北極可縮短航行距離。譬如，船隻要從北歐到亞洲，本來須南下經地中海及蘇伊士運河才到達，但若取道北極航道，就能將航程縮短數千海哩。

　　另外，到南極的船隻一般都是科研船。由於有些研究只能在南極進行，如古氣候及南極生物的研究，所以科學家便須坐破冰船前往。

▲冰山是從冰川或冰棚分裂出來的巨大冰塊，體積可比船隻大很多。

14

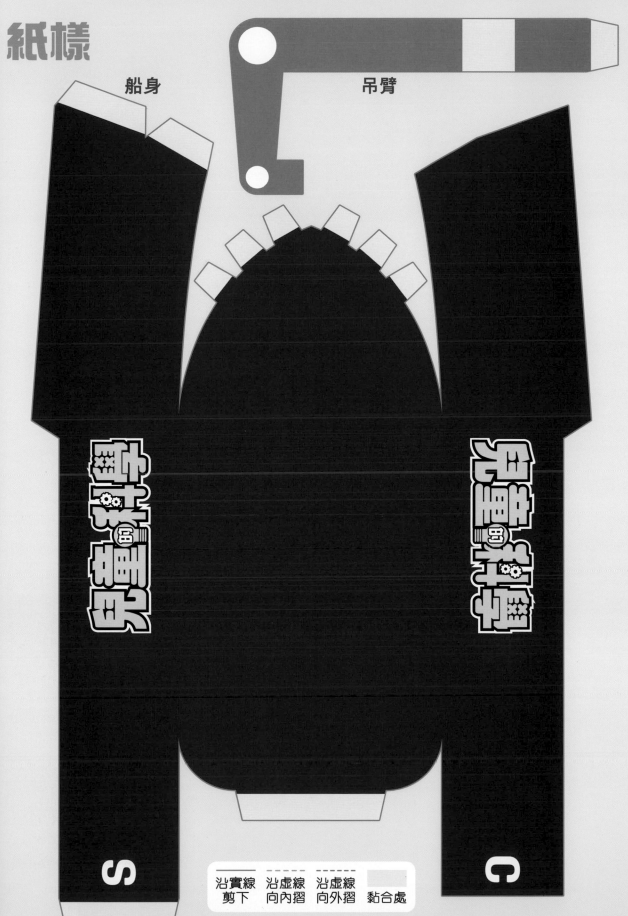

紙樣

船身　　　　　　　吊臂

沿實線　沿虛線　沿虛線
剪下　　向內摺　向外摺　黏合處

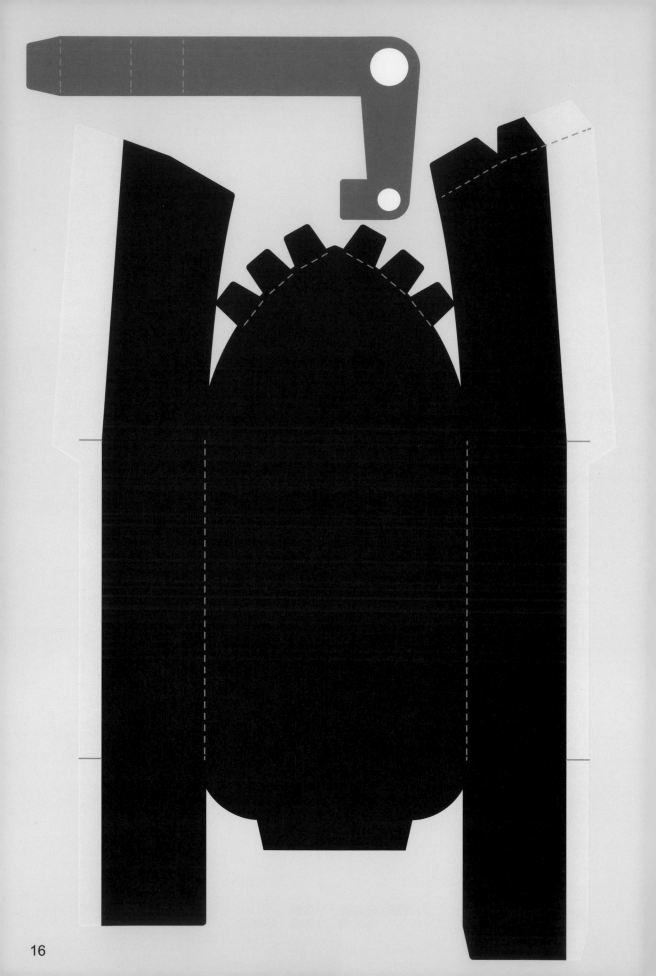

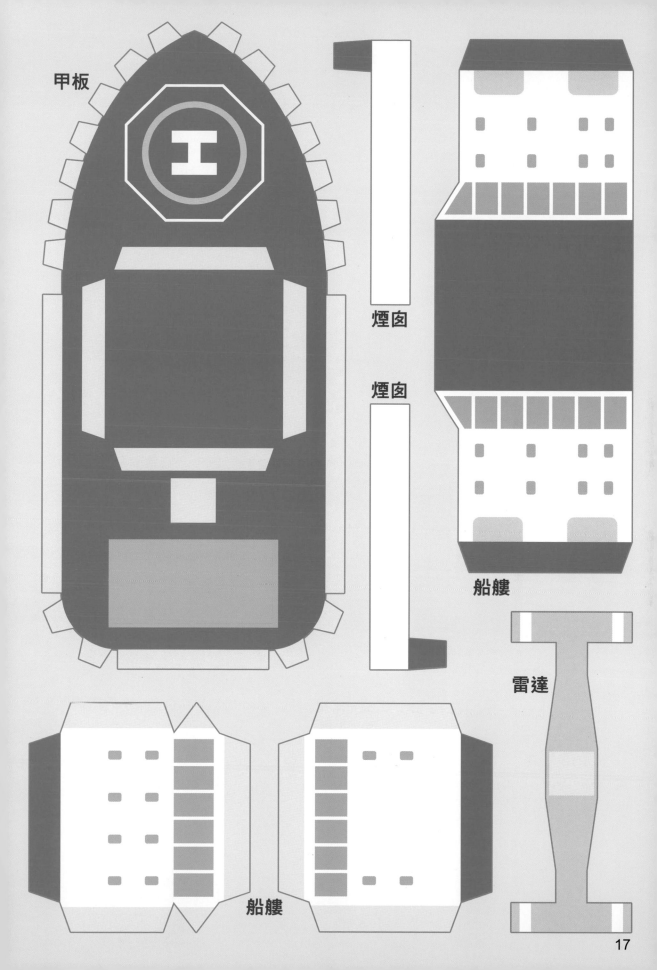

甲板

煙囪

煙囪

船艛

雷達

船艛

17

踏入雨季，天氣潮濕，愛因獅子的心情變得很差，因為他洗完頭要花很多時間來吹乾頭髮。

唉！天氣已經夠熱了，每次洗完頭，還得忍受風筒的熱風！

風筒博士 蝸利略

不用心煩氣躁，讓我介紹2個跟風筒有關的實驗給你玩吧！

正文社 YouTube 頻道

嘟一嘟在正文社 YouTube 頻道搜尋「#206 風筒博士與氣壓的秘密」觀看實驗過程影片！

風筒博士 與 氣壓的秘密

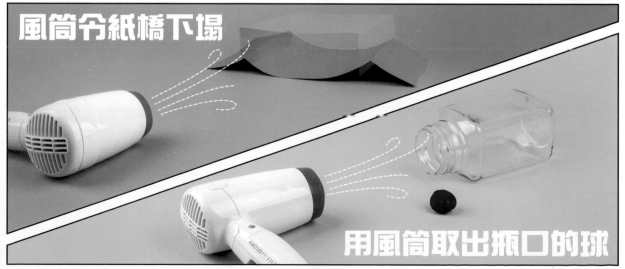

風筒令紙橋下塌

用風筒取出瓶口的球

實驗一：風筒令紙橋下塌

工具及材料：風筒和 A4 紙。

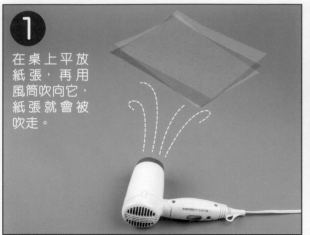

1 在桌上平放紙張，再用風筒吹向它，紙張就會被吹走。

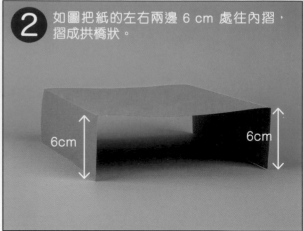

2 如圖把紙的左右兩邊 6 cm 處往內摺，摺成拱橋狀。

6cm　6cm

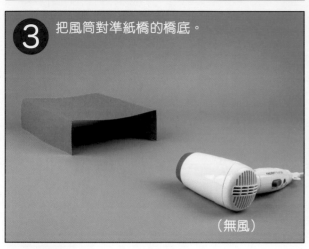

3 把風筒對準紙橋的橋底。

（無風）

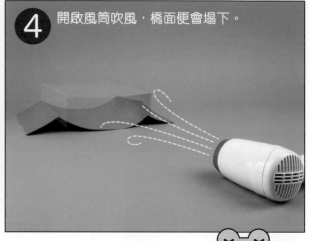

4 開啟風筒吹風，橋面便會塌下。

真神奇！為何會這樣的呢？

其實紙張是被氣壓壓至塌下！這可以用伯努利定律來解釋。

流體力學

伯努利定律→

- 氣流愈**快**的地方，氣壓愈**低**。
- 氣流愈**慢**的地方，氣壓愈**高**。

你的意思是這樣嗎？但我覺得這怪怪的……

氣壓在高處　✕

風筒吹出很快的氣流

氣壓在低處　✕

你誤會了！氣壓的高低是指空氣壓力的大小，也可理解作強弱，不是指高處或低處！

氣壓的作用力

空氣會向四方八面施加壓力。

當紙橋上下的風速和氣壓相同，壓力就會互相抵消。

*關於大氣壓力的知識，可參考上期「科學 DIY」。

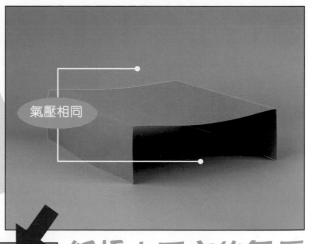

氣壓相同

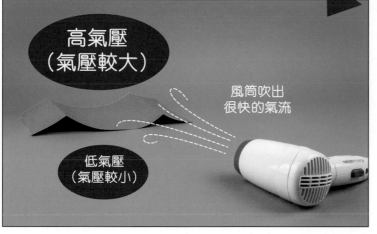

高氣壓（氣壓較大）

低氣壓（氣壓較小）

風筒吹出很快的氣流

紙橋上下方的氣壓有甚麼變化？

當風筒的風吹向橋下，使橋下的氣流變快。根據伯努利定律，氣壓就會變低。

由於橋上的氣壓不變，與橋下形成氣壓差距。因氣壓會由較高（大）的一方壓向氣壓較低（小）的一方，故此紙橋承受由上而下的氣壓，於是會往下彎曲。

生活中的伯努利定律

熊貓蔡蔡和倫倫在港鐵東鐵線某個車站候車，列車高速駛進月台時，刮起一陣強風！

強風把我的帽子吸向列車。可是風明明是從列車產生的，為何帽子不是被吹離列車啊？

列車駛進來時，我感到一股無形的力把我推向列車，為何會這樣？

蔡蔡

倫倫

氣壓較低

氣壓較高

根據伯努利定律，列車高速行駛時，車身周圍的氣流很快，故氣壓較低；而月台的氣流較慢，故氣壓較高。由於空氣由高氣壓（月台）推向低氣壓（列車），令蔡蔡的帽子被氣壓推向列車方向，而倫倫感受到的無形推力亦是氣壓差造成的作用力。

故此，月台上加設黃線，護乘客不會超越過該範圍，免生意外。

實驗二：用風筒取出瓶口的球

工具及材料：風筒、飲管、開口大的瓶子（如醬瓶或咖啡粉瓶）、小於瓶口的球狀物。

1 把球放在桌面，用風筒吹動它。 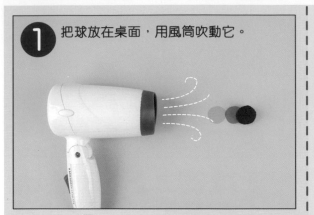	**1** 把球放在桌面，用飲管吹動它。 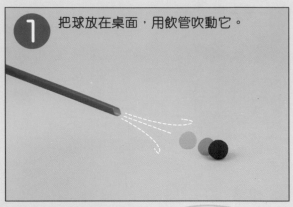

本實驗使用的絨毛球直徑約2.5 cm，而瓶口直徑為4 cm。

2 將瓶子橫放在桌面，在瓶口放球。

若瓶子是圓柱體，請在瓶身兩邊放障礙物作固定，以防止瓶子摔破。

2 用風筒吹向瓶口。 	**2** 用飲管對準球來吹。 
3 球掉出瓶外。 	**3** 球被吹進瓶內。 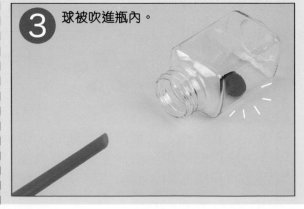

應用伯努利定律

風筒的風吹向瓶口，為何無法把球吹進去，反而掉出瓶外？

根據伯努利定律，風速愈高，氣壓愈低。

風筒的風提高瓶口位置的風速，令瓶口附近變成低壓區，而瓶內氣壓不變，於是瓶口和瓶內就形成氣壓差。最後，氣壓由瓶內壓向瓶口，就把球推出去。

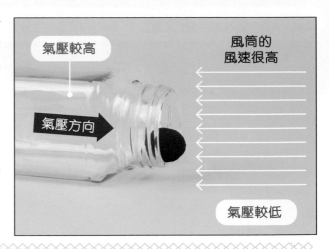

氣壓較高

氣壓方向

風筒的風速很高

氣壓較低

飲管的風 vs 風筒的風

由於飲管的吹氣範圍比風筒的小，風速較低，因而無法在瓶口形成大範圍的低壓區。

用飲管吹球時，由於瓶口與瓶內幾乎沒有氣壓差，所以步驟 4 的氣壓環境與步驟 1 相似，飲管吹出的氣就能對球產生作用力，把它推瓶內。

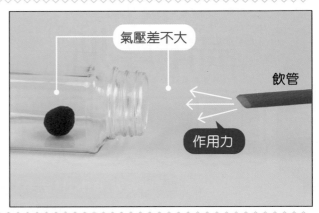

氣壓差不大

飲管

作用力

如何用飲管在瓶口形成低壓區？

現改用瓶口直徑為 3 cm 的瓶子，球的直徑維持 2.5 cm 不變，結果如右圖。

3cm

飲管

此實驗的關鍵在於「能否在瓶口附近形成低壓區」，若瓶口大，飲管吹風的範圍和作用力就相對小，因此無法形成低壓區；若瓶口較小，那麼飲管吹出的風就更能覆蓋瓶口附近，形成低壓區了。

兒子，你還沒用完風筒嗎？輪到爸爸吹頭髮了！

啊！

不好……我只顧做實驗，忘了吹頭髮……

大偵探福爾摩斯 SHERLOCK HOLMES

朗讀劇比賽2022

www.edcity.hk/readingholmes

目　的： 鼓勵線上、線下閱讀交流
培養學生閱讀、理解、改編再分享
幫助學生發展語言表達技巧
促進社交及情緒教育
培養親子關係

參與辦法：
學生組： 學生或負責老師以香港教育城（教城）學生、教師或學校管理人帳戶登入、填妥表格及上載作品。
親子組： 家長以香港教育城（教城）公眾帳戶登入、填妥表格及上載作品。

計劃形式：
參加者可從厲河先生所著的《大偵探福爾摩斯》（1至58集）中，選取章節自行錄製影片。參加者須保留故事原意，但可自行改編或刪減內容。

- 可用手機或攝錄器材拍攝，影片長度為5-10分鐘
- 影片語言為中文，格式必須為AVI、MP4、MPEG、MPG、MOV或WMV。（檔案必須小於1GB）
- 演出形式
  - 以對白或朗讀形式之演出
  - 可因應演出形式及需要，選擇輔以簡單舞台走位及動作演讀
  - 演出過程不可剪接

- 學生可同時參加學生組及親子組，每位學生於每個組別只能提交一份作品（親子作品不會計算入學校參與率）

- 參加親子組的報名學生須為影片中的主要演出者

對　象： 學生組：全港小一至小六學生
親子組：全港小一至小六學生及其家長或家人

提交作品日期： 2022年4月25日至8月12日下午6時

獎項及獎品

積極參與學校獎 (以參與率百分比計算)：
冠軍 (1名)：獎盃乙座及1,000元書券
亞軍 (1名)：獎盃乙座及600元書券
季軍 (1名)：獎盃乙座及300元書券

「朗讀之星」學生大獎：
冠軍 (1名)：獎盃乙座、證書乙張、《大偵探福爾摩斯》及外傳乙套連簽名
亞軍 (1名)：獎盃乙座、證書乙張及《大偵探福爾摩斯》乙套連簽名
季軍 (1名)：獎盃乙座、證書乙張及《大偵探福爾摩斯》外傳乙套連簽名
參加者均可獲得電子嘉許狀乙張

「朗讀之星」親子大獎：
冠軍 (1名)：獎盃乙座及1,000元書券
亞軍 (1名)：獎盃乙座及600元書券
季軍 (1名)：獎盃乙座及300元書券
參加者均可獲得電子嘉許狀乙張

f 香港教育城 EdCity

比賽詳細內容以網頁最新公佈為準。
主辦單位保留更改比賽條款及細則之權利。如有任何爭議，主辦單位保留最終決定權。

有關比賽詳情及參加辦法，請瀏覽網頁。

大偵探
福爾摩斯
SHERLOCK HOLMES
科學鬥智短篇⑤3
小偷與貴婦⑵

厲河=改編　鄭江輝=繪

奧斯汀・弗里曼=原著　陳沃龍、徐國聲=着色

福爾摩斯　精於觀察分析，曾習拳術，是倫敦最著名的私家偵探。

華生　曾是軍醫，樂於助人，是福爾摩斯查案的最佳拍檔。

上回提要：

　　華生應邀出席一個衣香鬢影的舞會，並認識了一位自稱羅蘭德上尉的紳士。原來，此人真名貝利，雖是軍人出身，但早已淪為竊賊。這一晚，他混入舞會之中也是為了順手牽羊，偷些東西過活。不巧的是，在舞會中，他竟碰到了年輕時曾有一面之緣的寡婦蔡特夫人。正苦惱如何脫身之際，卻發現蔡特夫人在院子的偏僻之處用哥羅芳為蛀牙止痛。財迷心竅的他看到夫人胸前掛着的寶石吊墜後兇性大發，竟用哥羅芳搗住了夫人的口和鼻……

　　「嗚」的一下悶聲響起，夫人的頭往後一仰，剛好頂在貝利的胸口上。她「啪噠啪噠」地奮力掙扎了十多下，但一切只是徒勞。不一會，她已完全癱了下來，昏過去了。但貝利仍緊緊地搗着她的口和鼻，一點也沒放鬆。

　　突然，藥瓶「叮噹」一聲掉到地上，劃破了夜空下的寂靜。

叮噹

　　「啊！」貝利赫然一驚，慌忙鬆開了手。夫人的頭部隨即**軟塌塌**地垂了下來。他走到夫人的前面，用手搖了一下她的肩膀，但她只是晃了晃，並沒有反應。

　　「她不會……？」一個**不祥的念頭**掠過貝利的腦際，他大驚之下，馬上用食指量了一下夫人的鼻息。可是，冰涼的食指一點感覺也沒有。

　　「啊……啊……啊……」貝利心中發出了絕望的叫聲，「她……她死了！我……我用力過度，把她……把她搗死了！」

就在這時，不遠處傳來了幾下笑聲，剎那間，令接近崩潰邊緣的貝利霎時**驚醒**過來。他慌忙把夫人抬到樹後，然後順着斜坡把她滑到下面去。他死死地盯着夫人那苗條的身體**緩緩下滑**，直至完全沒入黑暗的灌木叢中為止。

「我……我怎會這樣……我竟錯手……將一直把我放在心上的女人殺了……」貝利不禁掩面嗚咽，深深的懊悔與罪咎感，已令他把名貴的手鐲和寶石**拋諸腦後**，忘得**一乾二淨**了。

大宅傳來了輕快的華爾滋樂曲，貝利慌忙整理了一下凌亂的衣服和頭髮，沿着小徑急步返回草坪上。他避開**三三兩兩**的賓客，慌慌張張地去到衣帽間，掏出存衣牌放到櫃枱上。

「先生，還早呢。你要走了嗎？」僕人好奇地問。

「我趕時間，請把我的大衣拿來吧。」貝利有點粗暴地催促。

「好的。」僕人聽到他這樣說，趕忙把**大衣**和**帽子**拿了過來。

「謝謝！」貝利戴上帽子，一把搶過大衣，還沒穿上就**踉踉蹌蹌**地走了。

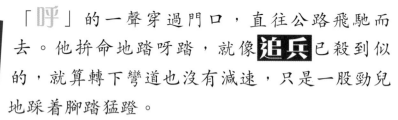

他急步走進車庫，把大衣夾在腋下，迅速跨上自行車猛地一蹬，就往斜坡衝下去。幸好閘門仍開着，他「**呼**」的一聲穿過門口，直往公路飛馳而去。他拼命地踏呀踏，就像**追兵**已殺到似的，就算轉下彎道也沒有減速，只是一股勁兒地踩着腳踏猛蹬。

風聲在耳邊呼嘯而過，但他耳朵的神經都集中在後面，**全神貫注**地聽着有沒有追來的馬蹄聲。其實，他前一天已來過視察，已走熟了附近的道路。萬一出了甚麼意外，他也可以抄小路逃走。不過，全速走了一段路後，後面並沒有傳來可疑的馬車聲。

大約再走了3哩左右，他來到了一個陡坡下面。騎車太費力了，

他不得不下來推車上坡。當把車推到坡上後，他已**氣喘如牛**了。他回頭看了看斜坡下面，靜悄悄的，沒有車也沒有人。這時一陣冷風吹來，讓渾身濕透的他不禁打了個**寒顫**。他連忙穿上大衣，一來是為免着涼，二來是為免引起疑心。

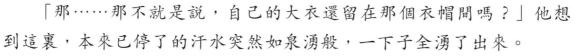

他再騎上車後，從大衣的口袋中掏出**手套**準備戴上。可是，他馬上發現那是一雙陌生的手套。

「這……這雙手套不是我的！」恐懼如閃電般擊向腦門，他馬上再掏了掏另一個口袋，發覺**鑰匙**不見了，卻掏出了一個琥珀製的雪茄煙嘴！

「糟糕！我拿錯了別人的大衣！」他嚇得**呆若木雞**，久久不能動彈。

「那……那不就是說，自己的大衣還留在那個衣帽間嗎？」他想到這裏，本來已停了的汗水突然如泉湧般，一下子全湧了出來。

「**別急！要冷靜！**」他向自己說，「那……那只是一條很普通的鑰匙，就算警察發現了，也不會找上門來。不過，還有甚麼？大衣的口袋裏還有甚麼呢？」

他用手擦了擦臉上的汗水，努力地思索了一會，最後得出結論

——口袋裏並沒有足以暴露自己身份的東西！

想到這裏，他終於鬆了口氣，只要能回到那個地獄般的家中，就一切回復正常了。不過，蔡特夫人滑下斜坡的情景仍**歷歷在目**，他知道，自己將永遠無法忘記那具屍體沒入灌木叢中的可怕景象。

「**華生醫生！華生醫生！**」莊園女主人哈利維爾小姐神色緊張地走了過來，「不得了！蔡特夫人**昏倒**了！」

「甚麼？」正在酒吧獨酌的華生嚇了一跳。

「快來！快來！**波德伯里少校**和**斯馬特先生**正看顧着她。」華生被哈利維爾小姐拉着奔出了屋外，一股勁兒走到了斜坡下面。他遠遠就看到，一個女人平躺在灌木叢的前面，一個男人站着，一個男人則蹲在她身旁，都顯得有點**手足無措**。

「讓我看看！」華生跑過去，探了一下蔡特夫人的脈搏。夫人好像感到華生的觸摸似的，微微地動了一下，又**迷迷糊糊**地説了些甚麼。

「她本來在斜坡上面的長凳上歇着的，我去看她時，只看到地上的**藥水瓶**和一團**藥棉**，她卻不見了，就到處找了一下，卻沒找着。我猜她會不會失足從斜坡上滾了下來，趕忙走下來看看，沒想到真的在灌木叢中找到了她！」蹲着的男人一口氣地説出了經過。

「**藥水瓶**和**藥棉**？甚麼意思？」華生問。

「蔡特夫人牙痛，她用自己帶來的藥水止痛。」

華生赫然一驚，連忙檢視了一下夫人的臉，果然不出所料，她的嘴巴和鼻子附近有被人**摀過的痕跡**。

「華生醫生，她有生命危險嗎？」哈利維爾小姐緊張地問。

華生用手指翻開蔡特夫人的眼瞼看了看，又輕輕地拍了她的面頰幾下。

「嗯⋯⋯不⋯⋯不要⋯⋯」夫人像喝醉了似的低聲呢喃。

「她應該沒有大礙。」華生説。

「謝謝你，我是波德伯里少校。」蹲着的男人看了看站着的同伴説，「這位是斯馬特先生，都是蔡特夫人的朋友。」

華生報上姓名後，**神色凝重**地説：「事情看來並不簡單。」

「甚麼意思？」少校兩人不約而同地問。

「現在還説不準，你們先把她抬回屋子裏，讓冷水毛巾為她敷一下臉，但不要驚動其他賓客，我馬上就來。」

「華生醫生，你要去哪裏？」哈利維爾小姐有點詫異地問。

「上去找一找那個**藥水瓶**和**藥棉**。」

「我沒有動那兩個東西，就在斜坡上的長凳下面。」少校指着坡上的兩株大樹説。

「知道了。」華生點點頭，馬上往坡上走去。他毫不費力就找到那張**長凳**。果然，藥水瓶和藥棉就在長凳的下面。

華生掏出手帕，撿起那個容量約一盎司的瓶子湊到眼前，看到上面的標籤上寫着「Chloroform」*。他又撿起藥棉嗅了一下，藥水未完全揮發掉，仍留有**麻醉劑**的氣味。

一切已很清楚了，夫人坐在長凳上為蛀牙止痛時，有人突然從後施襲，用醮滿了**麻醉劑**的藥棉捂住了她的口鼻，待她昏迷後，再把她推下斜坡。

「可是，襲擊者有何目的？是**搶劫**？還是**意圖謀殺**？」華生想到這裏，不禁打了一個寒顫。

返回大宅後，華生問哈利維爾小姐取了些鼻鹽，讓蔡特夫人嗅了嗅。很快，夫人恢復了知覺，**斷斷續續**地説出了事發的經過。

「你有沒有看到那傢伙是誰？」聽完夫人的憶述後，波德伯里少校問。

「沒有，他用前胸壓住我的後腦，我無法仰後看。」夫人説完又想了想，「不過……我感覺到我的頭頂在他**襯衫**的前襟上。」

*三氯甲烷，又稱哥羅芳，是一種麻醉劑。

「這麼看來，他是賓客之一，應該還在屋子裏。」華生說，「不過，要是他想逃的話，一定會去**衣帽間**取回大衣。」

「有道理！我們馬上去衣帽間看看！」少校拋下這句說話，**急不可待**地拉着斯馬特先生奔出了房間。

華生再診視了一下夫人，看到她已沒大礙，就說：「哈利維爾小姐，你陪着夫人，我也去看看。」

華生急步去到衣帽間，卻看到少校兩人正**匆匆忙忙**地穿上大衣。

「那傢伙已逃了！」少校憤怒地說，「麻煩你留下來照顧夫人，我們現在開車去**追**！」

「可是，你知道對方是誰嗎？」華生問。

「僕人說只有一個男人匆匆走了，而且是騎**自行車**走的，能追上的話就一定不會認錯人！」少校正想把右手伸進衣袖時，卻皺起眉頭說，「**唔？這不是我的大衣呀！**」

少校把穿了一半的大衣脫下來扔回去，生氣地說：「你拿錯大衣了！」

「是嗎？」僕人拿起大衣看了看，又慌忙到衣架前翻了翻，然後**驚恐萬分**地回過頭來說，「先生，對不起！剛才那個人把你的大衣拿走了！」

「你說甚麼？」少校氣得漲紅了臉，「你怎可以把我的大衣給了別人！太過分了！」

「**少安毋躁**，現在罵他也沒用。」華生連忙插嘴道，「那人拿錯了你的大衣，證明這件是他的，或許可以用它來**查**明他的身份。」

「那麼，這件大衣你們保管着！我們看看能否追到他！」少校丟下這句說話，就與斯馬特先生奔出去了。

華生着僕人包好那件大衣後，回到了蔡特夫人的身邊，並問道：「夫人，你檢查過**財物**了嗎？有沒有甚麼失去了？」

「檢查過了，身上的首飾一件也沒少去。」夫人已完全清醒過來，她**面露慍色**地答道，「太可惡了！居然從後暗算一個弱質女子，簡直不是男人！真想讓他搶去兩三件首飾，這樣的話，除了控告意圖謀殺之外，還可加控他搶劫罪！要是波德伯里少校他們抓到他的話，最好不要留手，狠狠地給我揍他一頓！」

可惜的是，半個小時後，波德伯里少校兩人垂頭喪氣地**空手而回**，並沒有抓到那個男人。少校得悉夫人沒有財物損失後，神色凝重地建議：「蔡特夫人，報警吧！那人既然不為**財**，很可能就是要**命**。他今次不成功，難保不會再伺機加害於你。為保安全，必須報警，讓警察去把他找出來，以除後患。」

「一點線索也沒有，找警察有用嗎？」蔡特夫人擔心地問。

「這是惟一的線索，或許有用。」華生把包好的**大衣**遞上。

第二天一早起來，華生把昨夜遇到的事**一五一十**地告訴了福爾摩斯。

「嘿嘿嘿，找警察嗎？要是找着的是蘇格蘭場**孖寶幹探**，就真可能一點用處也沒有呢。」福爾摩斯喝了一口茶，**幸災樂禍**地笑道。

就在這時，門外響起了有人上樓梯的聲音。

「唔？—**講曹操曹操就到**。可是，這次怎麼和一個女士一起來呢？」福爾摩斯有點疑惑地說。

華生連忙走去開門，令他感到意外的是，站在門外的那位女士不是別人，竟然就是昨夜認識的蔡特夫人。

「華生，你和這位夫人是**老相識**吧？」李大猩笑嘻嘻地說，「那麼，我就不用介紹啦。」

「**對、對、對！**不用介紹啦。」狐格森也笑嘻嘻地附和。

「可是，蔡特夫人……？」華生有點驚訝地問，「你和兩位探員到訪，不是為了昨夜的事吧？」

「當然是為了**昨夜的事**！」蔡特夫人**怒氣沖沖**地說，「這兩位探員說只得一件大衣，絕無可能找到那個歹徒，我只好來找你了！」

「是這樣的啦。」李大猩吃吃笑地補充道，「夫人在落口供時提起你的大名，我就說啊，華生醫生的同屋是倫敦**首屈一指**的私家偵探，只要出得起錢，他甚麼也願幫忙。所以，就帶她**登門造訪**啦。」

說完，李大猩**不懷好意**地往我們的大偵探瞄了一眼，好像在說：「呵呵呵，反正案子與華生有關，這麼麻煩的貴婦人，就交給你來處理吧。」

「這個……」華生有點遲疑地望向福爾摩斯。

「蔡特夫人，請坐吧。」福爾摩斯悠然地呷了一口茶，「李探員說得對，我是收錢辦事的。**100鎊**吧，意圖謀殺是重罪，這是調查重罪的最低消費。」

「**100鎊就100鎊！**」蔡特夫人一屁股坐下，毫不猶豫地說，「只要能逮着那傢伙，把他抓進大牢，200鎊我也願付！」

「甚麼？**200鎊**也願付？」福爾摩斯瞪大了眼睛，「那麼——」

「100鎊就夠了！」華生慌忙說，他

知道如果不及時制止，老搭檔就會馬上找個藉口**提價**了。

「這就是惟一的線索。」狐格森趨前，把腋下的紙包打開，「我們在大衣的口袋裏內找到了一雙**手套**、一張**車票**和一把**門匙**。」

說着，狐格森把那些東西一一放在桌上。

「唔……只有這些嗎？」福爾摩斯眉頭一皺。

「對，就只有這些啊。」李大猩**幸災樂禍**地笑道，「受人錢財替人消災，你就用這些東西變個魔法，把那個消失了的男人變回來吧。」

「對，那男人**金蟬脫殼**，只留下這個『殼』，能否找到他就看你的本事啦。」狐格森**恬不知恥**地說，完全忘記了自己身為警察的責任。

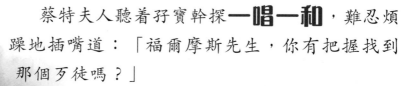

蔡特夫人聽着孖寶幹探**一唱一和**，難忍煩躁地插嘴道：「福爾摩斯先生，你有把握找到那個歹徒嗎？」

福爾摩斯想也不想就答道：「給我一個小時吧，待我檢視過這些物件後，就能給你一個肯定的答覆。」

「甚麼？看看大衣和這幾件小東西，也要花一個小時嗎？」李大猩**別有用心**地質疑。看來，他是想**挑撥離間**，削弱夫人對福爾摩斯的信任。

「沒關係，我一個小時後回來。」蔡特夫人並不吃這一套，爽快地答允了。

李大猩**自討沒趣**，只好說：「一個小時呀，別耽誤火家的時間啊！」

待三人離去後，福爾摩斯向華生說：「這是你找來的麻煩，由你開始吧。怎樣？你有何意見？」

「我嗎？」華生看看桌上的東西，**不加思索**就說，「這張看來是**有軌電車的車票**，

先檢視一下它吧。」

「不，車票雖然可以提供**準確的信息**，但也容易影響我們之後的**判斷**。不如先仔細地檢視一下這件大衣吧。」

「但這件大衣好普通呀。走到街上看看就知道，十個男人當中有六七個都是穿着類似的大衣啊。」

「嘿嘿嘿，大衣雖然很普通，但從大衣上的灰塵，或許能找出穿衣者經常出入的地方，這可大大縮小我們調查的範圍呀。」

「真的嗎？」華生**半信半疑**。

「我早前調查一宗案子時，找工匠了製作了一個**吸塵器**，現在可大派用場了。」說着，福爾摩斯取來一個形狀古怪的東西。它有點像一枝手槍，但槍管的前端有個**吸盤**，後端則拖着一根管子，管子後還繫着一個**氣袋**。

「這東西真的能吸塵？」華生感到疑惑。

「嘿嘿嘿，當然可以。它可以吸出黏在衣服上的灰塵，非常有用。」福爾摩斯**自賣自誇**，指着末端的氣袋說，「這裏還可裝上鏡片，讓灰塵沾在鏡片上。這樣就可直接把鏡片放到**顯微鏡**下檢視了。」

說完，福爾摩斯用力按下扳機，先把氣袋的空氣全部擠出，接着把吸盤按在大衣的領子上，然後隨即把扳機鬆開，氣袋馬上**脹**起來，吸滿了空氣。就這樣，衣領上的灰塵也被吸進氣袋裏了。

之後，他把氣袋拆下，換上另一個新的，然後把吸盤對準大衣的右肩附近，再重複上一次的動作。就是這樣，**來來回回**地重複了好幾次，把大衣所有部位的灰塵都吸下來了。

接着，他從氣袋中取出鏡片，逐一拿到顯微鏡下**檢視**。

花了接近一個小時，他撤除衣服

中常見的棉和毛等微細纖維後，在灰塵中還發現了以下這些東西：

①大米粉：最多，均勻分佈於大衣內外。
②小麥粉：其次，均勻分佈於大衣內外。
③穀殼：少量，分佈於大衣內外。
④石粉：少量，均勻分佈於大衣內外。
⑤薑黃根粉：少量，均勻分佈於大衣內外。
⑥黑椒粉：少量，均勻分佈於大衣內外。
⑦甘椒粉：少量，均勻分佈於大衣內外。
⑧可可粉：少量，右肩和右邊袖子上。
⑨蛇麻子：少量，右肩和右邊袖子上。
⑩石墨粉：6粒，集中於大衣背部。

「沒想到從一件衣服中可找到這麼多 **不同種類的灰塵**。」華生驚歎。

「不同種類的灰塵 **無處不在**，只是肉眼難以分辨而已。」福爾摩斯話鋒一轉，問道，「你能從中看出甚麼信息嗎？」

「這個嘛……」華生想了想就分析道，「大米粉和小麥粉數量最多，明顯是來自 **米廠** 和 **麵粉廠**，看來這件大衣常常暴露在充滿大米粉和小麥粉的空氣中。其他諸如黑椒粉之類的香辛料佔的數量很少，可能是那歹徒經過 **香辛料廠** 沾上的。至於背上的石墨粉，肯定是從 **椅背** 上黏下來的。」

「哈！有進步，今次分析得很好呢！」福爾摩斯讚道，「那麼，為何 **可可粉** 和 **蛇麻子** 只沾在 **右肩** 和 **右邊的手袖** 上呢？」

「這個嘛……」華生歪着頭說，「實在想不通。」

「原因很簡單呀。」福爾摩斯 **一語道破**，「所謂日出而作，日入而息，那個歹徒 **離家時** 會經過工廠，這時工廠在他 **右邊**，故會沾上工廠噴出的粉末。當黃昏 **回家時**，工廠已下班，他的 **左邊** 自然就乾淨多

了。」

「原來如此。」華生恍然大悟。

「現在，就借助這些灰塵，來找出那歹徒出沒的地區吧。」福爾摩斯說着，從書櫃上取出一本郵局發行的**地址簿**，並打開它的工商頁細看。

「倫敦有4家米廠，最大一家是在塢首區的**卡巴特米廠**。至於香辛料廠嘛⋯⋯」福爾摩斯邊翻邊找，「倫敦原來共有6家。其中一家也在塢首區，叫**托馬士‧威廉斯公司**。其他5家的附近並沒有米廠。接着，要查查麵粉廠⋯⋯唔？」

「怎麼了？」華生看到老搭檔神情有異，慌忙問道。

「只此一家！」福爾摩斯眼底閃過一下**寒光**，「也在塢首區，叫**泰勒麵粉廠**！」

下回預告：聯同蔡特夫人與蘇格蘭場孖寶幹探，福爾摩斯和華生去到塢首區調查，利用一條僅有的線索，在工人和貧民聚居的公寓中找出竊賊。那條線索是甚麼？夫人見到竊賊後又有何反應？下回大結局峰迴路轉，必會令你掩卷歎息！絕對不容錯過！

集合吧! 創意大師們!

開心禮物屋

展示你的無限創意和藝術潛能吧!

A J'adore 馬賽克拼圖 1名

含色彩繽紛的螺絲及板塊，任你拼砌藝術作品。

B Crayola 綜合顏色創意套裝 1名

包含蠟筆、粉筆、木顏色筆、麥克筆及彩紙等多種用品。

C Jaq Jaq Bird 粉筆畫簿 1名

畫簿共8頁，並附贈4枝粉筆。讓你畫完擦掉再畫!

D Crayola 八色 Window Markers + Fabric Markers 1名

在玻璃窗或衣服上繪圖後皆可用水洗乾淨!

E 科學 DIY 第1+2集 1名

收錄多個手工紙樣，好玩又益智!

F 小說 少女神探 愛麗絲與企鵝 第7至9集 1名

可愛搞笑的少女偵探推理小說!

G The Great Detective Sherlock Holmes 第1至3集 1名

人氣小說《大偵探福爾摩斯》英文版!

H 星光樂園 遊戲卡福袋 2名

每個福袋含卡超過40張!

I 小說 怪盜 JOKER 第1+2集 1名

看看神機妙算的Joker如何智取寶物!

今年 5 月，英國東英吉利亞大學及食品健康研究所發表了一項用老鼠進行的研究，發現糞菌移植可防止一些因老化而導致的病變。

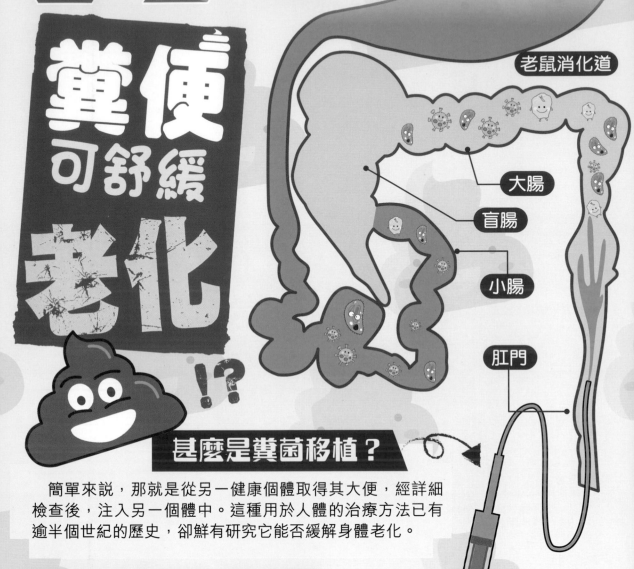

老鼠消化道

- 大腸
- 盲腸
- 小腸
- 肛門

糞便可舒緩老化⁉

甚麼是糞菌移植？

簡單來説，那就是從另一健康個體取得其大便，經詳細檢查後，注入另一個體中。這種用於人體的治療方法已有逾半個世紀的歷史，卻鮮有研究它能否緩解身體老化。

為甚麼要移植大便？

腸道內有各種益菌，它們有幫助消化、抑制病菌生長等作用。可是，若服用抗生素，腸道中的益菌及病菌都會被消滅。此時倖存或外來的病菌便有機會乘虛而入，霸佔腸道，因而致病。

糞菌移植便是將「健康」大便中的各種益菌重新引入有問題的腸道中，試圖回復成充斥益菌的正常環境。

腸道益菌會因老化而變差，使腸壁變弱，外來的病菌便較易從腸道入侵身體各部分，引起發炎。科學家從年輕老鼠取得大便，並移植到年老的老鼠腸道中，成功改善上述情況。

至於糞菌移植能否緩解人類的一些老化現象，則有待考究。

38

《兒童的科學》創作組＝編
Yuthon＝插畫

誰改變了世界？

X光發現者 倫琴

　　狹窄的房間被光管照得一片蒼白，當中只擺放了一張床，牆邊還放置一部連接一塊玻璃板的機器。一個穿着一件單薄短袖衣服的男孩站到機器跟前，然後把胸口貼在那塊板上。

　　「好，你站在這兒別動，很快就好了。」一名身穿白袍的醫護人員跟那男孩說後，又轉向旁邊的女人道，「太太，我們先出去一下。」

　　「啊，你在這兒乖乖的待着。」那女人對男孩說。

　　二人離開房間後，男孩就聽到身前的機器發出一些輕微的聲音。不一刻，醫護人員和女人又回到房內。

　　「媽媽。」

　　「快穿回外套，別着涼了。」女人把外套遞給男孩。

　　「已經可以了，請在外面坐一會等等吧。」醫護人員說。

　　半個小時後，男孩與母親走進診察室。只見醫生將一張黑色膠片放到發亮的燈箱，膠片上就顯現出一排灰白色的骨頭影像。

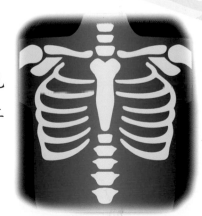

　　「醫生，他怎麼樣？」母親擔心地問。

　　「胸骨沒甚麼事。」醫生看了看X光片道，「可能是感冒引起症狀……」

在二人談話時，男孩**目不轉睛**地看着那張X光片，又低頭看看自己的胸口。突然，他指着X光片問：「那些骨頭真的是我的嗎？這是怎樣做到的？」

「這是靠**X光**造成的。」醫生笑道，「它能穿過你的皮膚和肌肉，但不能穿過骨頭，於是X光片上只顯示你的骨骼部分呢。」

「嘩，很屬害啊！」男孩禁不住**讚歎**。

「對呢，不過它就是太屬害了，所以我們不能長時間去接觸。」醫生繼續解說，「當日發現這種射線的科學家還要穿上**特製保護衣**，才敢繼續研究呢。」

19世紀末，德國物理學家**威廉‧康拉德‧倫琴** (Wilhelm Conrad Röntgen) 意外發現這種肉眼看不見的「光」時，就因妻子的一句話而對其**心生戒懼**。不過他沒放棄研究，而是做好防禦措施後繼續鑽研下去，更因此獲得**諾貝爾獎**，為科學與醫學發展帶來重大突破。

義氣的犧牲

1845年，倫琴生於**德國**的萊納普*，是家中獨子。父親是一名商人，經營紡織廠與布匹批發生意。

倫琴3歲時，與家人遷至**荷蘭**的阿珀爾多倫*。小時候他喜歡在森林裏散步，又常以**靈巧**的雙手自行造些小玩意玩耍。經過6年小學與4年中學生涯，1862年他入讀烏德勒支技術學校。只是，那時卻發生了一件**意想不到**的事情，令他中斷學業。

一天，倫琴如常上學。當他回到自己的座位時，看到鄰座同學正伏於書桌，**神神秘秘**地在紙上塗塗畫畫，遂好奇地問：「你在畫甚麼？」說着就俯下身，只見紙上畫着一個可笑的**漫畫人像**。

「噗哈哈哈！真屬害，竟畫得這麼**神似**！」

倫琴那響亮的笑聲引得其他同學都走過來。

「哈哈哈，很像，真的很像！這個鼻子，還有那上吊眼簡直是一絕！」

「與『**戴猿頭**』簡直一模一樣！」

*萊納普 (Lennep)，位於德國西部城市雷姆沙伊德 (Remscheid) 內的一個小鎮。
*阿珀爾多倫 (或稱阿陪爾頓，Apeldoorn)，荷蘭中部的城鎮。

得意忘形的倫琴更高高舉起那張畫，讓所有人都看得到。

就在這時，那張畫突然從後被抽走了。眾人回頭一看，**赫然**發現抽走紙張的就是人稱「戴猿頭」的老師。他正皺着眉頭看那張「**傑作**」。

「杵在這兒幹甚麼？還不返回座位。」戴猿頭道。

聞言，所有人立即返回自己的位子去。接着戴猿頭舉起那張畫，掃視一眾學生，沉聲問：「是誰做的？」

課室一片**靜默**，所有人都低下頭沒作聲。

「沒有人肯承認嗎？」

這時，一個男人從門口探頭進來問道：「剛才這兒這麼**吵鬧**的，發生甚麼事？」

「校長你來得剛好，班上有人畫了這種東西。」説着，戴猿頭將畫遞給校長。

校長看到畫後，**嚴肅**地問：「是誰幹的？」

「倫琴同學，請你出來。」戴猿頭將畫遞到倫琴面前説，「剛才你拿着這幅畫笑得很**大聲**啊，是你畫的吧？」

「不不不！不是我畫的！」倫琴慌忙**否認**。

「那你知道是誰畫的嗎？」

「呃，不，我只是……這個……」倫琴**期期艾艾**地低頭道，「我……我不知道。」

「你説不知道？」戴猿頭**瞇起眼睛**，緊緊地盯着他。

「倫琴同學，須知道老師的威嚴是**不容侵犯**的。你既然知道犯事者是誰，就應該説出

來。」校長嚴厲地説，「若一味縱容維護，犯事者就以為不用受罰，那他永遠都不會**悔改**的。」

「沒那麼嚴重吧？」倫琴**脫口而出**。

「這當然是非常嚴重的問題啊！」戴猿頭登時厲聲道。

倫琴只是低着頭，一直沒說話。

「如果你不說，就等同包庇犯事者，也要受罰。」校長說。

「我……」倫琴悄悄往同學們瞥了一眼，只說道，「我不知道。」

結果，校方認定倫琴是同謀，竟因此荒謬地開除其學籍。倫琴一度大受打擊，但並沒氣餒，他繼續自行讀書，及後在烏德勒支大學以旁聽生身份學習物理。後來他知道瑞士的蘇黎世理工學院正在招生，遂努力自修，終於在1865年末成功取得入學資格，修讀機械工程。在學期間，他認識了咖啡店老闆的女兒安娜。二人很快就墮入愛河，並於1872年共偕連理。

1869年，倫琴獲得蘇黎世大學物理博士學位，至1872年跟隨德國物理學家昆特*到法國斯特拉斯堡大學任教授助理，兩年後擔任該校講師。1875年轉至霍恩海姆農業學院任職教授，並於一年後又回到斯特拉斯堡大學任物理學教授，及後到吉森大學擔任物理系主任。

這些年來倫琴進行各項研究，包括晶體的導熱率、光電關係、熱電和壓電現象等，並發表多篇論文。

不可見光線的發現

自1888年起往後十年，倫琴在維爾茨堡大學擔任物理系主任，並於1894年擔任該校校長。其間他研究真空管內的高壓放電效應與陰極射線。

所謂陰極射線，就是當真空管通電時，陰極（負極）一端射出的一種射線。若管內前方有磷光物質，射線就會令管壁發出綠色磷光。若在真空管附近放置一塊磁石，更能令射線偏移。

*奧古斯特・昆特 (August Adolf Eduard Eberhard Kundt，1839-1894年)，德國物理學家。

真空管的陰極射線

陰極射線一般會循直線前進，但若受磁場影響，就會改變方向。

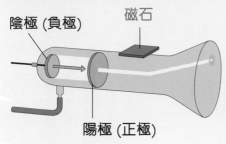

陰極 (負極)
磁石
陽極 (正極)

✓1838年法拉第*在一條空氣稀薄的玻璃管內通電時，發現管內產生一道光弧。及至19世紀50年代，人們製造出更接近真空的玻璃管，得以做出更複雜的實驗，並發現通電的陰極會發出射線。1867年德國物理學家戈爾德斯坦*就將該射線命名為「陰極射線」。1897年英國物理學家湯姆生*發現，那些射線其實是一束束的粒子，也就是今天人們所熟知的電子。

舊式的電視機內藏陰極射線管，利用電子束受到撞擊時會發光的原理，在玻璃螢幕上顯示出影像。

1895年11月8日，倫琴在實驗室利用**黑紙**包裹真空管，以研究陰極射線在空氣中的特性。他關上實驗室所有燈光，再對真空管通電後，發現不遠處一張塗了**鉑氰化物**的紙屏，上面竟發出模糊的**螢光**。他對此十分驚訝，因為真空管被黑紙包裹，肯定不是陰極射線造成，而四周也沒有其他光源，那麼光從何來？

倫琴**靈機一觸**，想到是否有某種肉眼看不見的射線穿過黑紙，照到紙上。於是，他決定進一步做各種**試驗**，發現果然有另一種射線，從陰極射線轟擊的玻璃管內壁上發出。它與陰極射線一樣，都是直線前進，但不會受磁場影響而產生偏折。

及後，他又以各種物品如書本、木板、鋁板等去遮擋真空管，查驗該射線的**穿透能力**，記錄數據。到12月22日，他請妻子安娜來到實驗室，進行一項大膽的試驗。

「怎麼叫我來這裏啊？」安娜**好奇**地問。

「先別問，來，坐在這兒。」倫琴輕輕笑道，「我想做個試驗。」

於是安娜順從指示，坐在玻璃真空管的不遠處，將手放在一塊感

*欲知法拉第的生平故事，請參閱《誰改變了世界》第1集。
*歐根·戈爾德斯坦 (Eugen Goldstein，1850-1930年)，德國物理學家，首次發現陽極射線。
*約瑟夫·湯姆生 (Joseph John Thomson，1856-1940年)，英國物理學家，因在氣體導電方面的研究而於1906年獲諾貝爾物理學獎。

光片上。

「別動。」說着，倫琴按下開關。

經過大約十數秒鐘後，他立即抽出**感光片**去沖曬。只是，當相片沖

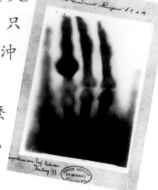

曬出來後，他看得**目瞪口呆**。

↑這是倫琴拍攝的首張X光片。

安娜見丈夫一動也不動，便上前問道：「怎麼了，親愛的？相片曬好了嗎？讓我看看吧。」她取過照片一看，登時也呆了半晌。因為她赫然看到上面映出一副清晰的**手掌骨頭**！

「這……這是……」她結結巴巴地問。

「這是你的手掌，那射線穿過皮膚和肌肉，但無法穿透骨頭，於是骨頭的影子就被拍在感光片上了。」倫琴看着感光片無名指骨上有

個凸起的黑影説，「看來我們的**結婚戒指**也是射線無法穿透的東西呢。」

「這……太可怕了……」安娜看着面前的感光片，猶如見到**死神**一般，喃喃自語，「這根本就是活生生的**骷髏**，我……我看到了自身的死亡啊！」

倫琴連忙安慰妻子，那只是一個小實驗，沒甚麼好可怕的。然而，不知是否受到安娜影響，他的心底裏亦產生了一股**恐懼**，想到這種射線能穿透身體，不知會否對人體產生壞處。從那以後，他在研究這種射線時，都會穿上一套**鉛製的衣服**保護自己。

大行其道

1895年12月28日，倫琴發表第一篇有關該射線的論文《**論一種新射線**》*。到次年1月1日，他把射線照片給予幾位同事看，並於數

---

*《論一種新射線》(Ueber eine neue Art von Strahlen，英文是On A New Kind of Rays)。

天後將照片於柏林物理學會的展覽會展示。

　　人們看到那將骷髏照片後皆**嘖嘖稱奇**，報章爭相報道，並稱該射線為「倫琴射線」。不過，倫琴並不接受其稱呼。他認為那是一種未知的新射線，遂以數學方程式中用來表示**未知數**的符號X，命名為「X射線」，也就是大家日常俗稱的X光。

　　倫琴的發現震驚歐美，許多科學家重複其實驗，以檢視這種神奇的「光」，並製造出不同類型的X射線管。同時，由於X射線具有強大的**穿透力**，很快就被應用於**醫療**上。醫生為病人照射X射線，以檢查體內的毛病，甚至嘗試在傷者中槍後，利用它來尋找體內的子彈位置。

　　此外，商人更視X射線為一大**商機**。他們將之吹捧成能醫百病的「萬能藥」，甚至吹嘘它能殺死有害的細菌、幫助身體恢復活力，甚至去除多餘毛髮。工廠大量生產陰極射線管，以應付龐大的需求，X射線在20世紀初成了**大眾流行**的商品。

　　然而，經過一段時日，人們就發現長期暴露於X射線會產生嚴重**問題**。由於這種射線的能量極高，若長期照射X光，就會引致皮膚燒傷、細胞死亡甚至患癌。

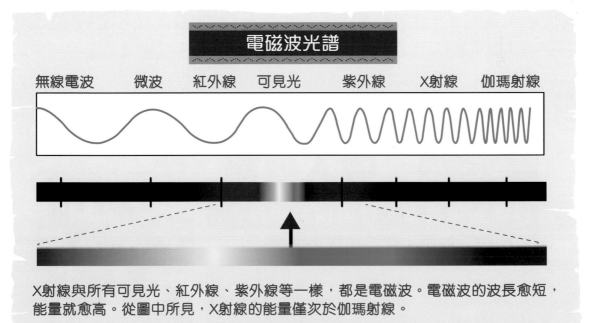

X射線與所有可見光、紅外線、紫外線等一樣，都是電磁波。電磁波的波長愈短，能量就愈高。從圖中所見，X射線的能量僅次於伽瑪射線。

　　倫琴自發現X射線後，維爾茨堡大學隨即授予他榮譽醫博士學位，倫敦皇家學會與哥倫比亞大學先後授予他榮譽勳章。至1901年，

他更獲**首屆諾貝爾物理學獎**以及5萬瑞典克朗的獎金。

只是，縱使他獲得各種名譽，卻對其沒太在意。他將諾貝爾獎金捐給維爾茨堡大學，用於發展科學研究。此外，他也拒絕為X光申請**專利**，認為那是屬於所有人類。

1923年，倫琴因患**腸癌**逝世，終年77歲。不過大部分醫生和科學家都認為其死亡與X射線無甚關係，畢竟倫琴做足**防護**，而且他實際接觸X射線的**輻射量**應該還未足以令細胞產生異變。

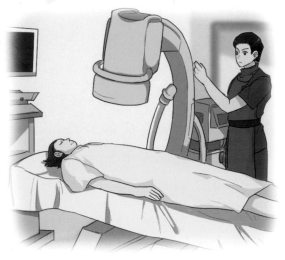

事實上，早在倫琴發現X射線前，已有人找尋出**蛛絲馬跡**，諸如克魯克斯*、赫茲*、特斯拉*等著名科學家都曾發現過陰極射線管內出現特殊的**螢光**。不過他們不是沒繼續探究下去，就是完全沒公開發表，最終與這個偉大發現的榮譽**失之交臂**。

X射線在現代的應用範圍仍十分廣泛，例如在醫院進行**CT掃描**，就是以電腦將多幅X光圖合成立體圖像，令醫生得以更清楚觀察病人體內的情況。另外，X射線亦用於**天文觀測**、探測**密閉容器**內的金屬物質、分析某些物質的**結構**等，為人類作出重大的貢獻。

*威廉‧克魯克斯 (William Crookes，1832-1919年)，英國物理學家與化學家。
*海因里希‧魯道夫‧赫茲 (Heinrich Rudolf Hertz，1857-1894年)，德國物理學家。
*欲知特斯拉的生平，請參閱《誰改變了世界》第2集。

神奇的AR翻譯眼鏡

　　科技巨頭 Google 在 5 月 11 日的發表會上展示最新 AR 智能眼鏡的雛形。這副眼鏡能透過鏡框的麥克風收集語音，並進行即時翻譯，再把翻譯後的語文投射在鏡片上。這樣不僅打破語言隔膜，亦惠及聽障者。

Credit : Google Keynote (Google I/O '22)

▲目前，翻譯眼鏡的外觀仍未有定案，亦末有公開發售的計劃。

Credit : Google Keynote (Google I/O '22)

▲佩戴者可選擇語文，既能看到即時翻譯後的文字，同時又可看到對方（說話者）的表情和身體語言，令溝通更自然順暢。

為聽障者加上字幕

　　由於這副 AR 眼鏡可將語音轉成文字，並一字一句投射在鏡片上，因此就算聽障人士的視線範圍內無人，亦能透過眼鏡上顯示的文字，察覺到別人對他說話。

特特烏！可以幫我拿架上的箱子嗎？

AR 與 VR 的分別

◀ AR 即是擴增實境（Augmented Reality）。戴上 AR 眼鏡的人仍會看到現實環境，只是程式會在眼鏡螢幕添加虛擬物件（如圖中的萊萊鳥），令虛擬物件看似存在於現實中。

▶ VR 則是指虛擬實境（Virtual Reality）。VR 眼鏡的佩戴者是完全看不到現實環境的，只會看到電腦呈現的虛擬世界。

壺穴
侵蝕作用的奇觀

壺穴（giant's kettle 或 glacial pothole），是一種在河流自然形成的侵蝕地貌，呈圓形孔洞狀。當急流或瀑布長期強力撞擊一個個岩石，就會產生壺穴。

Photo by Chris Eason / CC BY 2.0

▲ ▼ 攝於南非的布萊德河峽谷（Blyde River Canyon），此處的壺穴規模屬世上數一數二。

Photo by Tracy Hunter / CC BY 2.0

崖上也有小壺穴 ➡

河流的侵蝕作用

侵蝕作用是自然界的水土流失現象。河水在快速流動時，會沖走河道較鬆散的岩屑。然後，那些微小的石礫隨着水流，撞擊下游河道的大塊岩石，經年累月，便會把部分岩石掏空。

就像砂紙上的砂粒可以磨蝕木塊一樣，河中的石礫也能磨蝕河道。

圓圓的壺穴是如何形成的？

如開首所說，除了因瀑布長期撞擊岩石成洞之外，河川的急流與碎石也會造成壺穴。

下雨令河水流量增加，把上游的石礫沖到下游，有些石礫會流進河床的岩石**凹陷處**。

這時，河水在凹陷處形成**漩渦**狀水流，石礫就會隨之打轉，如同「鑽頭」一樣挖開岩壁，長年累月下便鑽成壺穴。

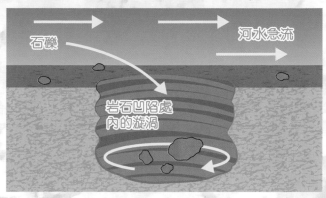

石礫　　　　　　　　　　　　河水急流

岩石凹陷處內的漩渦

美國麻省的謝爾本瀑布（Shelburne Falls）

壺穴　　　壺穴

Photo by Massachusetts Office Of Travel & Tourism / CC BY-ND 2.0

壺穴有多「美麗」？

實際上，左頁所示的南非壺穴美景在世上絕無僅有。

大部分壺穴都是不起眼的凹洞，一般在雨水較少的季節、潮退或因人為改變水流而暴露出來。

另外，有時壺穴乾涸後更會顯露出底部的枯葉甚至人們遺下的垃圾，並非總是十分美觀。

◀壺穴乾涸的主因有兩個，一是水分自然蒸發到空氣中，二是水透過洞內的裂縫漸漸流走。

Photo by hslo / CC BY-SA 2.0

香港的海蝕地質景色

香港海蝕地貌的形成原理與壺穴相近：除了海浪拍打岩石會侵蝕石塊，沙礫亦會隨着海水流動，碰撞岸邊，淘空岩層，形成海蝕洞、海蝕拱、海蝕崖和海蝕平台等地形。

外遊時，要自行帶走垃圾啊！

▲萬宜水庫東壩附近的海蝕洞。

▲南果洲群島的海蝕門，離海面高達十多米。

▲東平洲的海蝕平台，於潮退時才會出現。

大家有好好保養「機動魚缸」嗎？

蔡建熙

*給編輯部的話
希望刊登，這是我第2次寄。
請評分1-10
福爾摩斯很好看

你把我畫得真帥氣！給你滿分10分！

李雋迪

實

*給編輯部的話
我爸爸有一個真實的魚生工了我下月也有一個玩具魚缸。

那麼，你不妨跟爸爸一起閱讀「科學實踐專輯」的「魚缸大改造」，交流一下心得吧！

程盆周

*給編輯部的話
Mr.A 的自動導航車會不會超速？
第一次寄有點緊張

在 204 期的漫畫第一頁可看到車內有車速計，它指向約時速 70 公里。而香港一般道路的車速限制為時速 50 公里，在「快速公路」如青嶼幹線則限速 80 公里以內。因此有否超速要視乎路段呢！

陳恩蕎

沒

*給編輯部的話
今期的 Q&A 我看得很開心，還學到很多有關 GPS 的知識，不知道最後小 Q 有沒有獲救到大剛
小Q
加油吧

雖然我最後沒事，但餓了整整半天，太難受了！幸好後來（第 205 期「科學 Q&A」）約了小松和晴晴一起去釣魚和吃海鮮，總算慰藉了一下心靈呢。

電子信箱問卷

陳心怡

香港以前有沒有飼養過老虎或獅子？（希望刑登）刊

有！以前九龍的大型遊樂場「荔園」設有動物園區，並於 1954 年引入一隻老虎。牠比野生老虎長壽，在園內活了 20 年呢。

林昊謙

科學 Q&A 裏，中國的北斗等等定位系統是不是只可以在該地區使用？（其他地區，例如美國不能使用）

目前，全球有以下 5 大衛星定位系統：美國的 GPS、俄羅斯的 GLONASS、歐盟的伽利略、中國的北斗和日本的 QZSS。當中，除了 QZSS 只服務日本、東亞及澳洲外，其他都能在全球使用。

大偵探福爾摩斯
蘇格蘭場洗冤記

「砰」的一聲，狐格森把審訊室的門關上後，李大猩隨即把一個鏽漬斑斑的鐵盒放在桌上，煞有介事地跟福爾摩斯和華生說：「接下來你們聽到的、看到的，絕對不能泄露出去。」

「我們沒犯事啊。」大偵探打趣地說，「怎麼把我們關在這裏？」

「別說笑了！」李大猩哭喪着臉說，「我們遇上了麻煩啊。」

「對，這還關乎蘇格蘭場的名譽啊！」狐格森說。

「究竟怎麼回事？」華生知道孖寶幹探找他們來必是有事相求，但兩人如此神經兮兮倒是少見。

「唉，事情是這樣的。」李大猩歎了一聲，「上個月在市內發生了3宗劫案，3名受害人分別被搶了一枚藍寶石戒指、一個黃金懷錶和一條鑽石項鏈。在我們日以繼夜地追查下，拘捕了3名匪徒。」

「那不是很好嗎？」福爾摩斯道。

「雖然抓到了人，卻找不到被劫的贓物。」狐格森說，「任我們怎樣軟硬兼施，那3名匪徒都堅稱沒搶過東西，也不知道贓物在哪裏。」

「不過，上星期郵局卻送來這東西。」李大猩說着，打開鐵盒的蓋子，小心翼翼地逐一拿出3樣物件——藍寶石戒指、黃金懷錶和鑽石項鏈。

「啊。」華生吃了一驚，「這些難道就是——」

「沒錯，就是被劫走的東西。此外，盒內還有一封信。」李大猩取出信件遞上。

大偵探接過信一看，不禁眉頭一皺。華生連忙探過頭去看，卻見紙上只寫着一句由剪貼字拼湊而成的說話。

Find me if you can

「『有本事的話就來找我』。」華生問，「甚麼意思呢？」

「信是與贓物一起寄來的，看來寄信者才是真正的犯人呢。」福爾摩斯說。

「該是如此。」狐格森苦着臉點點頭。

華生終於明白兩人為何愁眉苦臉了。要是此事公諸於世，被大眾知道警方不但沒能成功破案，還連續捉錯了無辜市民，蘇格蘭場就肯定名譽掃地了。

51

「只收到這些東西嗎？」福爾摩斯問。

「其實……」狐格森有些難為情地掏出另一封信遞上，「今早又收到這封信。」

福爾摩斯連忙打開信細閱，在旁的華生瞥見信上寫着：

「對於蘇格蘭場如此窩囊，我實在失望透頂。不過我寬大為懷，決定給你們一個最後機會去證明自己的實力。一名倫敦市民已被我擄走了，並將於八時把她關在神的居所。若想救人，就解開鐵盒的提示，到萬物匯聚之地來找我吧，我不會離你們很遠。」

「是封挑戰信呢。」華生說，「看來，這傢伙的目的是羞辱警方。」

「這傢伙肯定是個瘋子！」李大猩咬牙切齒地道，「為了羞辱警方，竟然還脅持人質！」

福爾摩斯沒作聲，只是掏出放大鏡逐一檢視所有物品。

「我們已仔細檢查過，犯人非常小心，一個指紋都沒留下。」狐格森道，「那鐵盒因生鏽得很厲害，完全看不到上面有甚麼線索。」

不過，大偵探沒理會對方，只若有所思地望着鐵盒。

「唉呀，要是這次搞砸了，就連去白金漢宮守門口的機會也沒有啊，怎麼辦呀？」李大猩抱頭叫苦。

「嗚，到時只好一起去當公寓的保安了。」狐格森也哭喪着臉說。

這時，福爾摩斯忽然說：「我知道人質藏在哪裏了。」

「你怎知道的？」李大猩瞪大眼睛問。

「它『說』的呀。」福爾摩斯指着鐵盒道。

李大猩抓起盒子看了看，恍然大悟地說：「呀！我知道了！盒子上印着西敏宮、大笨鐘及倫敦塔三棟建築物，人質一定藏在這些地方！」

「胡說八道！」狐格森嗤之以鼻，「人質只有一個，哪能同時藏在三個地方？動動腦子再說吧！」

「甚麼？我胡說八道？」李大猩反問，「那麼你說，這三棟建築物是甚麼意思？」

「還用說嗎？那些只是泰晤士河畔的景點，是包裝盒常用的裝飾，根本與人質的藏身地點無關呀！」

「不！」華生靈機一動，「泰晤士河！犯人暗示的是泰晤士河畔！」

「嘿嘿嘿，你們三人在誤打誤撞的合作下，解開了『鐵盒的提示』呢。」大偵探狡點地一笑，「而信上的『萬物匯聚之地』該是指倉庫，因為只有倉庫才會儲存『萬物』啊。至於最後一句『我不會離你們很遠』就是說他在蘇格蘭場附近。」

「在蘇格蘭場附近、泰晤士河畔的倉庫……」李大猩想了想，突然跳起來叫道，「難道是那裏？」

「對！」福爾摩斯眼裏寒光一閃，指着地圖上的一處說，「就是這個已廢棄了的碼頭貨倉！」

「太好了，我們快去抓人吧！」李大猩興奮得磨拳擦掌。

一小時後，四人已來到碼頭。

時值傍晚，天色逐漸昏暗，河畔兩旁的房屋都亮起了點點燈光。相反，碼頭上卻冷冷清清，不遠處的那幢舊倉庫更顯得有點**陰森恐怖**。

「那裏有燈光。」華生壓低嗓子，指着一樓其中一個窗戶說。

「那一定就是藏參地點，直接衝上去拘捕犯人吧！」李大猩拔出手槍說。

「**萬萬不可**！對方有人質在手，硬闖恐會傷及無辜，我們應該……」福爾摩斯低聲向三人耳語一番。

李大猩和華生點點頭，立即持槍**衝**向貨倉正門。就在這時，突然「**砰**」的一下槍聲劃破夜空。兩人大驚之下，立即一個翻滾，躲到一堆木箱後面。華生驚魂稍定後往上一瞥，卻見目標的窗戶有個黑影一閃而過。

「呵呵呵，蘇格蘭場的~~酒囊飯袋~~竟懂得找到來，真是令人刮目相看呢！但你們有本事救人嗎？」那個窗戶傳來一陣嘲笑。

「哼！別以為我們蘇格蘭場是吃素的！」李大猩叫道，「快投降吧，否則**後悔莫及**呀！」

「笑話！有本事就來抓我吧！哇哈哈！」

狂笑過後，一樓響起一陣遠去的**腳步聲**。看來，犯人正要逃走。

「糟糕！追！」李大猩慌忙奔出，直往倉庫大門跑去。福爾摩斯等人見狀，也緊隨其後追去。

可是，當他們衝進了倉庫後，卻突然響起「**哇**」的一下慘叫。接着，「**嘭**」的一聲傳來，一個男人已倒不遠處的一堆沙包上。

「啊！」眾人大吃一驚，紛紛**舉槍**對準那男人。但那人卻一動不動地躺在沙包上，看來已昏過去了。

「天花板穿了個大洞，看來他是從一樓**失足**掉下來的。」福爾摩斯指着天花板說。

華生上前檢查了一下那人的傷勢，道：「他後腦嚴重受傷，不知道何時會醒。」

「到處搜搜，看看人質在哪裏吧。」福爾摩斯提議。

「好！」三人點點頭，就分頭去搜了。可是，他們搜遍整個貨倉，也沒發現人質的蹤影。不過，卻在一樓的一張破桌上，找到了一張紙，上面繪

難題①：哪張圖才是「正確」的呢？大家又知道嗎？

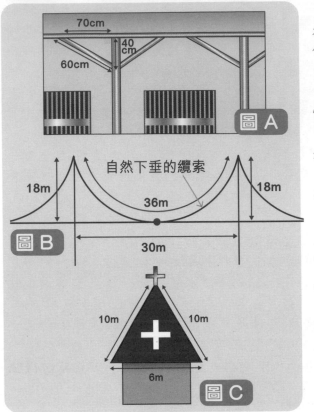

70cm

40cm

60cm

圖A

自然下垂的纜索

18m

18m

36m

圖B

30m

10m

10m

6m

圖C

畫了三幅圖，還用剪貼字寫着：「以下3幅圖各自代表一個地方，但只有1個是正確的，目標就在那裏。」

「那人把這道謎題放在桌上，看來是想與我們玩捉迷藏呢。」華生看了看仍昏迷不醒的男人說，「但他沒料到，自己卻失足重傷。」

「哼！這是自作自受！」李大猩悻悻然地說。

「對！是咎由自取！」狐格森也附和。

「但他昏迷了，我們就無法找到人質了。」華生說。

「這倒不一定。」福爾摩斯指着紙上的謎題說，「謎題所說的『正確』應該是指每幅圖所標示的尺寸，只要找出尺寸正確的圖，就能找到人質了。」

「狐格森，你找吧。」李大猩語帶雙關地說，「你做人常常得寸進尺，一定懂得找。」

「不，你找吧。」狐格森反唇相譏，「我只是得寸進尺，但你常常無緣無故火冒三丈，比我厲害得多呢。」

「甚麼？你這算是嘲笑我嗎？做人不要得寸進尺呀！」李大猩怒喝。

「看！又火冒三丈了。」狐格森趁機反擊。

「哎呀，你們別吵了。」福爾摩斯往紙上的圖C一指，「這幅——就是正確的圖。」

「你怎知道的？」華生問。

「因為它沒有違反幾何定律呀。」

可是，不論華生怎樣看，都只覺得圖C活像小學生的塗鴉，根本看不出背後有何含意。

難題②：
為何圖A的三角形尺寸違反幾何定律？
難題③：
圖B為何不合理？
難題④：
圖C為何符合幾何定律？
答案在P.55

「看來像一間屋子呢。」李大猩說，「即是説，人質被藏在一間屋內！」

「廢話，倫敦四處都是屋子，説了豈不是等於沒說？」狐格森譏笑。

「哎呀，別又再吵了。」華生提醒，「距離八時已愈來愈近，如果晚了，就真的如信上所說，人質要回到『神的居所』，即是魂歸天國了。」

「神的居所？」福爾摩斯靈光一閃，「對了，就是在神的居所！華生，你一言驚醒夢中人呢！」

「甚麼？」李大猩如丈二和尚摸不着頭腦，「你是說人質已在天國？」

「我是指教堂（church）呀。《聖經》上不是將教會（church）比作神的居所嗎？它與教堂是同一個詞語呀。」

「可是倫敦有這麼多教堂，要到哪一間找啊？」華生問。

「唉，華生你的一言驚醒了我，但你自己看來仍然未醒呢。」福爾摩斯沒好氣地說，「圖C的屋頂是紅色的，而**十字架**是白色的，那不就像**瑞士國旗**一樣嗎？」

「瑞士屋頂！」狐格森恍然大悟，「啊，難道是指倫敦西北部的『瑞士屋』區？」

「對，我記得那兒有座荒廢了的教堂！」福爾摩斯說。

果不其然，眾人到了瑞士屋區的一間舊教堂，在一個木箱內發現一個胖乎乎的**女人**。她的雙手被反綁，脖子上更掛着一個**計時炸彈**。

福爾摩斯為她鬆綁後，馬上檢查了一下炸彈。

「唔……奇怪了……」福爾摩斯自言自語。

「怎麼了？」華生問。

「這炸彈的起爆裝置和計時器並沒連接起來，而且……」

福爾摩斯說着，折開紅色的炸藥條，只見一堆黃色粉末流出。

華生撿起粉末細看，發現那只是普通的沙後，鬆了一口氣說：「犯人果然只是想羞辱一下警察，並不是真想殺人呢。」

「太可惡了！」李大猩氣得**七竅生煙**，「一個詐彈已把我們耍得團團轉！」

「對，讓我們白跑一場！」狐格森也氣呼呼地說。

「收工！」說完，兩人轉身就走。

「喂！你們這樣就走？」福爾摩斯說着，指一指木箱。

「哎喲……喲……喲……」這時，箱內正好傳來女人的**呻吟**，「我……我站不起來啊……可以扶我起來嗎？」

「呀！」李大猩和狐格森這才驚覺完全忘記了女人質。兩人慌忙跑回來，吃力地把她從箱中抬出來。可是，兩人還未站穩，就「嘭」的一下被胖女人壓在地上，叫福爾摩斯和華生看得**目瞪口呆**。

答案

難題②：

直角三角形的斜邊必定比兩條鄰邊都要長，圖A的三角形斜邊卻比它的鄰邊短，所以違反幾何定律。

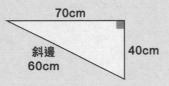

難題③：

左下圖的纜索（黃線AB）自然下垂，其最低點（C）必然位於纜索的正中間。如纜索AB長36m，那麼，AC和BC應分別長18m（36m÷2＝18m），與柱高BD的18m一樣。如像右下圖般，把纜索AC或BC拉直，它們都會長過柱高BD。所以，此圖是不合理的。

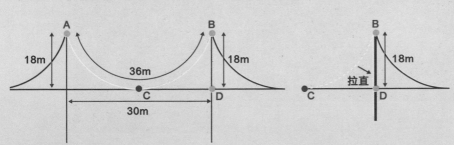

難題④：

三角形邊長必須符合一定律：任選其中兩邊長度相加，得出的和必定要大於剩下的那條邊長。圖C的三角形符合此定律，所以沒有問題。

10+10=20，大於6。

6+10=16，大於10。

10+6=16，大於10。

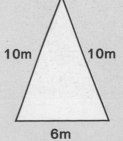

KC 天文教室

天文

星空多姿采

梁淦章工程師
香港天文學會
太空歷奇

由今期開始,「天文教室」將會逐期介紹基本天文知識及簡易觀測方法,包括用肉眼或小工具,以提升大家對天文學不同領域的興趣。

▲有連線的星空圖方便我們辨認星座。

在市區觀賞星空 —— 輕鬆、方便、有趣

Photo credit : TangYC

▲月球是最易觀測的天體,可用肉眼觀看並用相機記錄。偶遇飛機經過,更是可趣。

Photo credit : TangYC

▲四星連珠,木、金、火、土這4顆行星在天上連成一串珠,吸引不少市民的目光。

Photo credit : G.T. Fish

▲在市區光害下用手機也能攝到天鵝座和人馬座。

Photo credit : TangYC

▲太陽表面經常出現黑子,形態不斷變化。
⚠ 太陽是最危險的天體,沒有專業觀測經驗的,切勿嘗試。

Photo credit : G.T. Fish

▲一瞬即逝的流星可遇不可求,要靠一點運氣才見得到。

Photo credit : Camille

▲這不是月亮,而是2020年6月21日出現在香港的日偏食。

Photo credit : Chan CL

▲行星高倍攝影是很多天文愛好者所追求的,要拍得高質的木星及其衛星的照片,必先下不少苦功。

◀一部手機或相機就能輕鬆記錄月全食迷人的一刻。圖為2021年5月26日的月全食在水中的倒影。

Photo credit : Camille

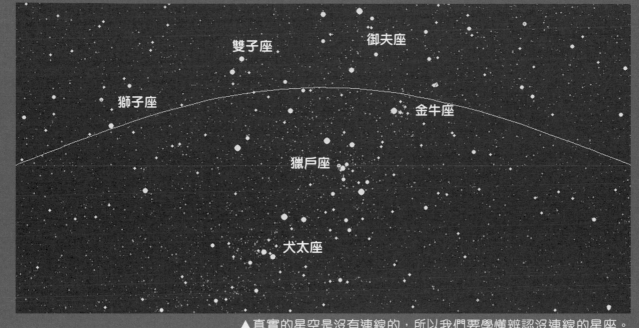

▲真實的星空是沒有連線的，所以我們要學懂辨認沒連線的星座。

雙子座　御夫座
獅子座　金牛座
獵戶座
犬太座

在漆黑的郊野外 —— 觀賞度更高、挑戰更大

Photo credit : G.T. Fish

◀沒有市區光害下，除了天蠍座和人馬座外，銀河也呈現眼前。

▶冬季的星空

七姊妹星團
金牛座
獵戶座

Photo credit : G.T. Fish

Photo credit : APO

▲七姊妹星團屬於疏散星團。

Photo credit : LeungCS

▲宇宙中的天體除了發射可見光，也發射其他波長的電磁波。上圖是射電望遠鏡顯示銀河中心的無線電波圖像。

▶彗星拖着長長的尾巴由遠方到訪太陽。路過背景的球狀星團，構成美景。

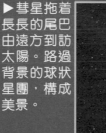

Photo credit : G.T. Fish

Photo credit : APO

▲球狀星團 —— 大量恆星在差不多同一時期、同一區域形成，匯聚成球狀。

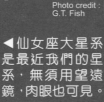

◀仙女座大星系是最近我們的星系，無須用望遠鏡，肉眼也可見。

▶圖中各個非點狀光團是宇宙深處的遠古星系，數量極多。

Photo credit : G.T. Fish

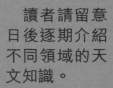

Photo credit : APO

讀者請留意日後逐期介紹不同領域的天文知識。

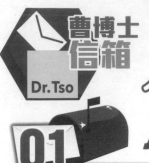

香港中文大學
生物及化學系客席教授
曹宏威博士

曹博士信箱 Dr. Tso

Q1 人們常說全球暖化，為甚麼冬天仍這麼冷？

黃志懿

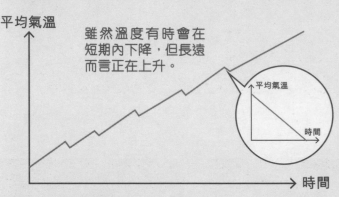

平均氣溫

雖然溫度有時會在短期內下降，但長遠而言正在上升。

平均氣溫

時間

時間

全球暖化是指地球在過去 100 多年間，平均地表溫度呈上升趨勢。「政府間氣候變化專門委員會（簡稱 IPCC）」以 1850 年至 1900 年（即工業革命前）的平均地表溫度作為基數，將不同年代的平均地表溫度與之相比，得出全球正在暖化的結論。

至於冬涼夏暖則是每年四季更替的必然定律。由於地球自轉軸傾斜，南北半球接收的陽光能量便有周期性的變化，每個周期為一年。而冬天就是接收陽光較少的時期，當然比較冷。

有時，短期的天氣變動會使氣溫升降明顯超出常態（例如冬季季候風或冷鋒過境，都是僅維持數天至數星期的天氣狀況），不能憑此短暫反常的變化來推翻長期的氣溫走勢。

Q2 為甚麼我發夢時不知我在發夢？

譚紫晴

我們睡覺時，腦部有時仍相當活躍，除了忙於整理當日所接收到的各種資訊，也會迸發出過往所儲存的所見所聞等不同意識，彼此交叉組合成夢境。不過，科學家估計人在睡眠時，跟清醒時的意識處理不同，所以大部分夢境都會在睡醒後忘記得一乾二淨。即使是醒後仍記得的夢，因夢裏出現種種不合理現象在做夢時並不能察覺，故此分不出夢境與現實，更難分辨出自己正在夢中。

不過，有些人表示曾做過「清醒夢」（Lucid dreaming），即睡者可認出自己正在做夢，甚至可自己操縱夢境。究竟不同情況的夢在組成機制上有何差異，仍是科學界當前的研究課題之一。

為鼓勵讀者多思考多發問，編輯部將向被選中刊登問題的讀者寄出紀念品一份！

咦？怎麼失敗了？

大剛你幹甚麼？

我明明連穿着厚重鐵甲的人也能推倒啊！

啊，原來是磁鐵呢。

磁鐵？

就是能吸住鐵釘的那些磁鐵嗎？

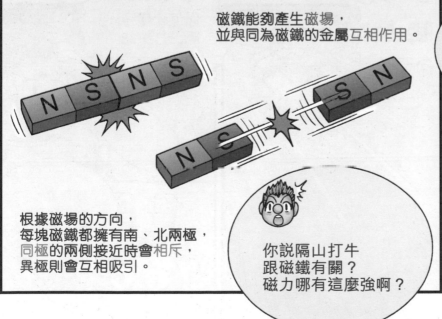

磁鐵能夠產生磁場，並與同為磁鐵的金屬互相作用。

根據磁場的方向，每塊磁鐵都擁有南、北兩極，同極的兩側接近時會相斥，異極則會互相吸引。

你說隔山打牛跟磁鐵有關？磁力哪有這麼強啊？

那就由「他」來介紹一下甚麼是磁力吧。

61

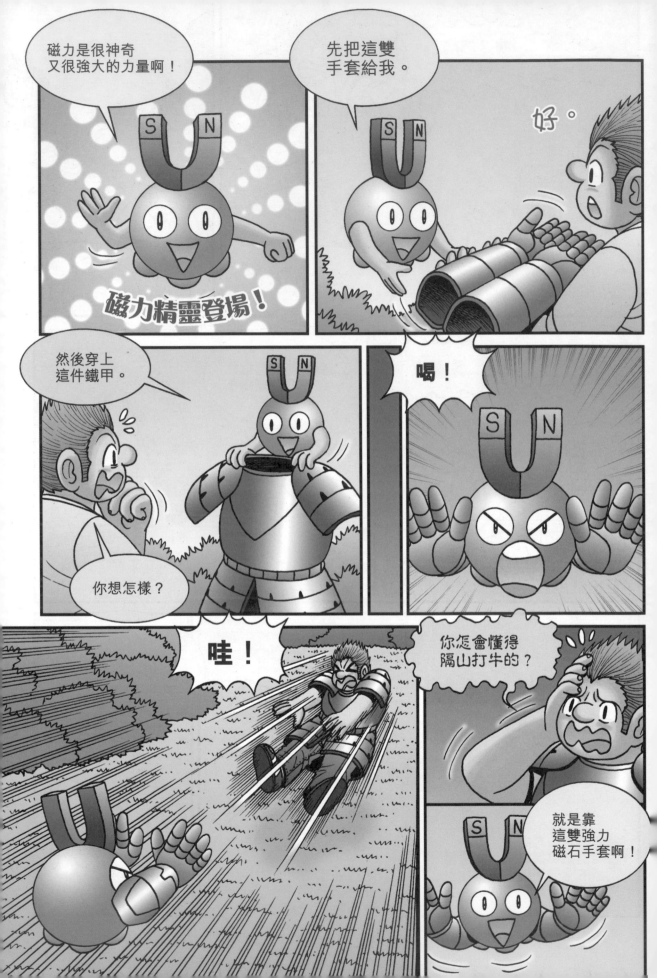

在解釋前，先說說甚麼是「力」吧？

物理學中的「力」，是一種物體之間的相互作用。例如我們推動一個箱子，身體也會感受到箱子的重量。

自然界有四種基本力，就是弱力、強力、重力和磁力。

弱力和強力屬於粒子層面，這裏暫不詳述。

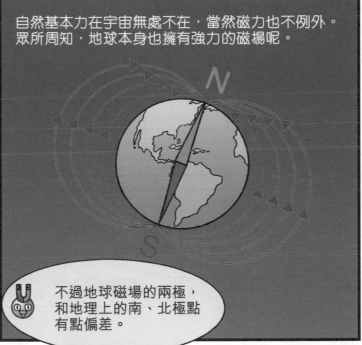

自然基本力在宇宙無處不在，當然磁力也不例外。眾所周知，地球本身也擁有強力的磁場呢。

不過地球磁場的兩極，和地理上的南、北極點有點偏差。

你剛才不是說磁鐵之間會相互作用嗎？但鐵甲又不是磁鐵，又怎會因「同極相斥」而互相彈開呢？

因為磁石可以把鐵磁化啊！

磁化？

只要用磁石把鐵吸住……

就能令鐵磁化了！

真神奇！

讓我説明金屬磁化的原理吧。

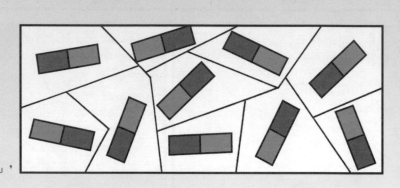

一些金屬物質有活躍的電子，它們的旋轉會形成一道稱為磁矩的力矩，這就是磁力的本質。不過其力矩的方向通常很凌亂，因此不會造成明顯的磁力。

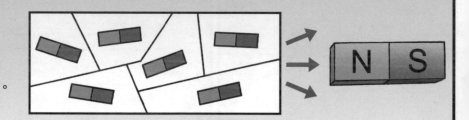

只要用一些方法令物體中的所有磁矩方向變得一致，就能令物體產生磁力。

小Q就是用磁石的N極，把鐵釘的S極都吸了過來，令鐵釘變成磁矩排列一致的磁鐵。

等等啊！我記得之前在雜誌看過一個類似的實驗*……

*請參閱第204期《兒童的科學》「科學實驗室」。

他們把磁石放近鐵釘的同極位置，令鐵釘失磁掉落，但並不會像剛才的我那樣，被你的磁石手套彈飛啊！

哈哈，問得好。因為手套內含的不是普通的鐵，而是鐵合金！

合金？即是鐵和其他金屬混合的嗎？

對，金屬有沒有強磁性，取決於其結構特質。

其中以鐵混合鋁、鎳和鈷製成的合金不但磁力強，而且不會失磁，很多科技產品都會利用以這些合金製成的永久磁鐵呢。

近年釹磁鐵和釤鈷磁鐵等物料愈來愈普及，逐漸取代了鋁鎳鈷合金。

其中釹磁鐵擁有最強磁力，使用時稍一不慎甚至會造成傷害！

若吞下2顆或以上的磁石，它們會因磁力而在腸內貼在一起，無法排出體外。

同時它們更會互相黏在腸壁而造成穿孔，甚至令腸道壞死，最嚴重的可致命啊！

啊？

快來看最新的氣功表演！

69

可惡，竟想用我的磁力手套
來對付我？別開玩笑了！
我要好好
教訓你！
加大磁場！
咔
就是現在！
嗶
S
N
超級電磁鐵
啟動！
最大功率！
甚麼？

嗚哇～～～

作戰成功！

當Mr.A出招時，他手套上的強大磁場就表露無遺了。

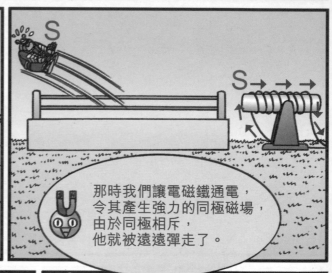

那時我們讓電磁鐵通電，令其產生強力的同極磁場，由於同極相斥，他就被遠遠彈走了。

磁力真是神奇呢！

嗚！手套被吸住，動不了，救命呀！

磁力的應用範圍很廣泛，大家又想到有甚麼用途呢？

～完～

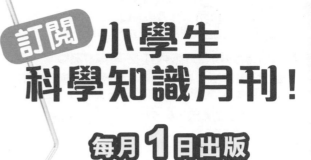

兒童的科學 訂戶換領店選擇 〉書報店

九龍區		店舖代號
新城	匯景廣場 401C 四樓（面對百佳）	B002KL
偉華行	美孚四期 9 號A舖（滙豐側）	B004KL

 OK便利店

香港區	店舖代號
西環德輔道西 333 及 335 號地下連閣樓	284
西環般咸道 13-15 號全寧大廈地下 A 號舖	544
干諾道西 82- 87 號文修打蘭街 21-27 號海景大廈地下 D 及 H 號舖	413
西營盤德輔道西 232 號地下	433
上環德輔道中 323 號西港城地下 11,12 及 13 號舖	246
中環閣麟街 10 至 16 號發利大廈地下 1 號舖及天井	188
中環民光街 11 號 3 號碼頭 A,B 及 C 舖	229
金鐘花園道 3 號萬國寶通廣場地下 1 號舖	234
灣仔軒尼詩道 38 號地下	001
灣仔軒尼詩道 145 號安康大廈 3 號地下	056
灣仔灣仔道 89 號地下	357
灣仔駱克道 146 號地下 A 號舖	388
銅鑼灣駱克道 414, 418-430 號	291
律敦大廈地下 2 號舖	521
銅鑼灣堅拿道東 5 號地下連閣樓	521
天后英皇道 14 號僑興大廈地下 H 號舖	410
天后地鐵站 TIH2 號舖	319
炮台山英皇道 193-209 號英皇中心地下 25-27 號舖	289
北角七姊妹道 2,4,6,8 及 8A, 昌苑大廈地下 4 號舖	196
北角電器道 233 號城市花園 1, 2 及 3 座	237
平台地下 5 號舖	321
北角匯景街 22 號地下 Y	321
鰂魚涌海光街 13-15 號海光苑地下 16 號舖	348
太古康山花園第一座地下 H1 及 H2	039
西灣河筲箕灣道 388-414 號達源大廈地下 H1 號舖	376
筲箕灣愛東商場地下 14 號舖	189
筲箕灣道 106-108 號地下	201
杏花邨地鐵站 HFC 5 及 6 號舖	342
柴灣興華村和興樓 209-210 號	032
柴灣地鐵站 CHW12 號舖 (C 出口)	300
柴灣小西灣道 28 號藍灣半島地下 18 號舖	199
柴灣小西灣中心西灣商場四樓 401 號舖	166
柴灣小西灣地下 6A 號舖	390
柴灣康翠臺商場 L5 樓 3 A 號舖及部份 3B 號舖	304
香港仔中心第五期地下 7 號舖	163
香港仔排灣道 81 號光輝大廈地下 3 及 4 號舖	336
香港華富廣場中心 7 號地下 Y	013
跑馬地黃泥涌道 21-23 號浩利大廈地下 B 號舖	349
鴨脷洲海怡路 18A 號海怡廣場（東翼）地下	382
G02 號舖	382
薄扶林置富商場中心 5 樓 503 號舖 "7-8 號檔 "	264

九龍區	店舖代號
九龍碧街 50 及 52 號地下	381
大角咀港灣豪庭地下 G10 號舖	247
深水埗桂林街 42-44 號地下 E 號舖	180
深水埗富昌商場地下 18 號舖	228
長沙灣蘇屋邨蘇屋商場二樓 Q01 號舖	500
長沙灣道 800 號香港紗廠工業大廈一及二期地下	241
長沙灣道 868 號利豐中心地下	160
長沙灣長發街 13 及 13 號 A 地下 Y	314
荔枝角道 833 號昇悅商場一樓 126 號舖	411
荔枝角地鐵站 LCK12 號舖	320
紅磡家維邨家義樓店號 3 及 4 號	079
紅磡機利士路 669 號昌盛金舖大廈地下	094
紅磡馬頭圍道 37-39 號紅磡商場 A 舖及地下 43-44 號	124
紅磡鶴園街 2G 號恆豐工業大廈第一期地下 CD1 號	261
紅磡愛景街 8 號海濱南岸 1 樓商場 3A 號舖	435
馬頭圍洋葵樓地下 111 號	365
馬頭圍新碼頭街 38 號翔龍灣廣場地下 G06 號舖	407
土瓜灣土瓜灣道 273 號地下	131
九龍城衙前圍道 47 號地下 C 單位	386
尖沙咀寶勒巷 1 號玫瑰大廈地下 A 及 B 號舖	169
尖沙咀科學館道 14 號新科文華中心地下 50-53&55 舖	209
尖沙咀尖東站 2 號	269
佐敦佐敦道 34 號地興樓地下	451
佐敦地鐵站 JOR10 及 11 號舖	303
佐敦寶靈街 20 號寶靈大樓地下 A、B 及 C 號舖	303
佐敦佐敦道 9-11 號高基大廈地下 4 號舖	438
油麻地文明里 4-6 號地下 2 號舖	316
油麻地上海街 433 號興華中心地下 6 號舖	417
旺角西洋菜街 22,24,28 號安豪樓地下 A 號舖	177
旺角西海泓道富榮花園地下 32-33 號舖	182
旺角弼街 43 號地下 A 號及閣樓	208
旺角亞皆老街 88 至 96 號利達大樓地下 C 舖	245
旺角登打士街 43P-43S 號鴻輝大廈地下 8 號舖	343
旺角洗衣街 92 號地下	419
旺角豉油街 15 號萬利商業大廈地下 1 號舖	446
太子道西 96-100 號地下 C 及 D 舖	268
石硤尾南山邨南山商場中心大廈地下	098
樂富中心 LG6(橫頭磡南路)	027
樂富港鐵站 LOF6 號舖	409
新蒲崗寧遠街 10-20 號渣打銀行大廈地下 E 號	353
黃大仙盈福苑停車場大樓地下 1 號舖	181
黃大仙竹園邨竹園商場 11 號舖	081
黃大仙龍翔苑龍蟠商場中心 101 號舖	100
黃大仙地鐵站 WTS 12 號舖	274
慈雲山慈正邨慈正商場 1 平台 1 號舖	140
慈雲山慈正邨慈正商場 2 期地下 2 號舖	183
鑽石山富山邨富信樓 3C 地下	012
彩虹地鐵站 CHH18 及 19 號舖	259
彩虹村金碧樓地下	097
九龍灣德福商場 1 期 P40 號舖	198
九龍灣宏開道 18 號德福大廈 1 樓 3C 舖	215
九龍灣常悅道 13 號瑞興中心地下 A	395
牛頭角淘大花園第一期商場 27-30 號	026
牛頭角彩德商場地下 G04 號舖	428
牛頭角彩盈邨彩盈坊 3 號舖	366
觀塘繁屏商場地下 6 號舖	078
觀塘秀茂坪十五期停車場大廈地下 1 號舖	191
觀塘協和街 101 號地下 A 舖	242
觀塘秀茂坪寶達邨寶達商場二樓 205 號舖	218
觀塘物華街 19-29 號	575
觀塘牛頭角道 305-325 及 325A 號觀塘立成大廈地下 K 舖	399
藍田東九龍道 93 號麗城中城地下 25 及 26B 號舖	338
藍田匯景道 8 號匯景花園 2D 舖	385
油塘高俊苑停車場大廈 1 號舖	128
油塘邨鯉魚門廣場地下 1 號舖	231
油塘油麗商場 / 號舖	430

新界區	店舖代號
屯門友愛村 H.A.N.D.S 商場地下 S114-S115 號	016
屯門置樂花園商場地下 129 號	114
屯門大興村商場 1 樓 54 號	043
屯門山景邨商場 122 號地下	050
屯門美樂花園商場 81-82 號地下	051
屯門青翠徑南光樓高層地下 D	069
屯門建生邨商場 102 號舖	083
屯門翠寧花園地下 12-13 號舖	104
屯門湖景邨湖暉樓 53-57 及 81-85 號舖	109
屯門寶怡花園 23-23A 舖地下	111
屯門良景邨商場 114 號地下	187
屯門屯利街 1 號華都花園第三層 2B-03 號舖	236
屯門海珠路 2 號海典軒地下 16-17 號舖	279
屯門啟發徑，德政圍，柏苑地下 2 號舖	292
屯門龍門路 45 號富健花園地下 87 號舖	299
屯門寶田商場地下 6 號舖	324
屯門良景商場 114 號地下	329
屯門蝴蝶村熟食market 6-7 號地下	033
屯門兆康苑兆康商場中心店舖 104	060
天水圍天恩邨市中心店舖 13-16 號	288
天水圍天瑞路 9 號天瑞商場地下 L026 號舖	437
天水圍 Town Lot 28 號俊宏軒俊宏廣場地下 L30 號	337
元朗朗屏邨玉屏樓地下 1 號	023
元朗朗屏邨鏡屏樓 M009 號舖	330
元朗水邊圍邨康水樓地下 103-5 號	014
元朗谷亭街 1 號傑文樓地舖	105
元朗大棠路 11 號光華廣場地下 4 號舖	214
元朗青山道 218, 222 & 226-230 號富興大邨地下 A 舖	285
元朗又新街 7-25 號元新大廈地下 4 號及 11 號舖	325
元朗青山公路 49-63 號金豪大廈地下 E 號及閣樓	414
元朗青山公路 99-109 號元朗貿易中心地下 7 號舖	421
荃灣大窩口村商場 C9-10 號	037
荃灣中心第一期高層平台 C8,C10,C12	067
荃灣麗城花園第三期麗城商場地下 2 號	089
荃灣海壩街 18 號 (近福來村)	095
荃灣圓墩圍 59-61 號地下 A 號舖	152
荃灣梨木樹村梨木樹商場 LG1 號舖	265
荃灣梨木樹邨梨木樹商場 1 樓 102 號舖	266
荃灣德士古道富利達中心地下 E 號舖	313
荃灣鹹田街 61 至 75 號石壁新村遊樂場 C 座地下 C6 號舖	356
荃灣青山道 185-187 號荃勝大廈地下 A2 號舖	194
青衣青建路鐵站 TSY 306 號舖	402
青衣村一期停車場地下 6 號舖	064
青衣青華苑荼停車場地下	294
葵涌安蔭商場 1 號舖	107
葵涌石蔭東村蔭興樓 1 及 2 號舖	143
葵涌邨第一期秋葵樓地下 6 號舖	156
葵涌盛芳街 15 號運芳樓地下 2 號舖	186
葵涌景荔徑 8 號盈暉家居城地下 G-04 號舖	219
葵涌貨櫃碼頭亞洲貨運大廈第三期 A 座 7 樓	116
葵涌華星街 1 至 7 號美華工業大廈地下	403
上水彩園邨彩華樓 301-2 號	018
粉嶺名都商場 2 樓 39A 號舖	275
粉嶺嘉福邨商場中心 6 號舖	127
粉嶺欣盛苑停車場大廈地下 1 號舖	278
粉嶺清河邨商場 46 號舖	341
大埔安慈路安慈商場地下 6 號舖	084
大埔運頭塘邨商場 1 號店	086
大埔安邦路 9 號大埔超級城 E 區三樓 355A 號舖	255
大埔南運路 1-7 號富雅花園地下 4 號舖，10B-D 號舖	427
大埔墟大榮里 26 號地下	007
大圍火車站大堂 30 號舖	260
火炭禾寮坑路 2-16 號安盛工業大廈地下部份 B 地廠單位	276
沙田穗禾苑商場中心地下 G6 號	015
沙田乙明邨明耀樓地下 7-9 號	024
沙田新翠邨商場地下 6 號	035
沙田田心街 10-18 號雲疊花園地下 10A-C,19A	119
沙田小瀝源安平街 2 號利豐中心地下	211
沙田愉翠商場 1 樓 108 號	221
沙田美田商場地下 1 號舖	310
沙田第一城中心 G1 號舖	233
馬鞍山耀安邨耀安商場店號 116	070
馬鞍山錦英苑商場中心低層地下 2 號	087
馬鞍山富安花園商場中心 22 號	048
馬鞍山頌安邨頌安商場 1 號舖	147
馬鞍山錦泰苑錦泰商場地下 2 號舖	179
馬鞍山烏溪沙火車站大堂 2 號舖	271
西貢海傍廣場金寶大廈地下 12 號舖	168
西貢西貢大廈地下 23 號舖	283
將軍澳翠林購物中心店號 105	045
將軍澳欣明苑停車場大廈地下 1 號	076
將軍澳寶琳邨寶勤樓 110-2 號	055
將軍澳新都城中心三期都會豪庭商場 2 樓 209 號舖	280
將軍澳景林邨商場中心 6 號舖	502
將軍澳厚德邨商場（西翼）地下 G11 及 G12 號舖	352
將軍澳唐明街唐俊街寶寧花園	418
商場地下 10 及 11A 號舖	418
將軍澳彩明商場擴展部份二樓 244 號舖	251
將軍澳景嶺路 8 號都會駅商場 2 樓 039 及 040 號舖	346
大嶼山東涌健東路 1 號映灣園映灣坊地面 1 號舖	295
長洲新興街 107 號地下	326
長洲海傍街 34-5 號地下及閣樓	065

訂閱**兒童的科學**請在方格內打 ☑ 選擇訂閱版本

凡訂閱教材版 1 年 12 期，可選擇以下 1 份贈品：
□大偵探 太陽能＋動能蓄電電筒　或　□大偵探口罩套裝

大偵探
太陽能＋動能蓄電筒

大偵探口罩套裝
（包含 10 片口罩及 1 個收納套）

訂閱選擇	原價	訂閱價	取書方法
□**普通版**（書 半年 6 期）	~~$210~~	$196	郵遞送書
□**普通版**（書 1 年 12 期）	~~$420~~	$370	郵遞送書
□**教材版**（書＋教材 半年 6 期）	~~$540~~	$488	☒ OK便利店 或書報店取書 請參閱前頁的選擇表，填上取書店舖代號→
□**教材版**（書＋教材 半年 6 期）	~~$690~~	$600	郵遞送書
□**教材版**（書＋教材 1 年 12 期）	~~$1080~~	$899	☒ OK便利店或書報店取書 請參閱前頁的選擇表，填上取書店舖代號→
□**教材版**（書＋教材 1 年 12 期）	~~$1380~~	$1123	郵遞送書

訂戶資料

月刊只接受最新一期訂閱，請於出版日期前 20 日寄出。例如，
想由 7 月號開始訂閱**兒童的科學**，請於 6 月 10 日前寄出表格。

訂戶姓名：# _____ 性別：_____ 年齡：_____ 聯絡電話：# _____

電郵：# _____

送貨地址：# _____

您是否同意本公司使用您上述的個人資料，只限用作傳送本公司的書刊資料給您？（有關收集個人資料聲明，請參閱封底裏）　　　# 必須提供

請在選項上打 ☑。　　同意□　不同意□　簽署：_____ 日期：_____ 年_____ 月_____ 日

付款方法 請以 ☑ 選擇方法①、②、③、④或⑤

□ ① 附上劃線支票 HK$ _____（支票抬頭請寫：Rightman Publishing Limited）

　　銀行名稱：_____ 支票號碼：_____

□ ② 將現金 HK$ _____ 存入 Rightman Publishing Limited 之匯豐銀行戶口
　　（戶口號碼：168-114031-001）。
　　現把銀行存款收據連同訂閱表格一併寄回或電郵至 info@rightman.net。

□ ③ 用「轉數快」（FPS）電子支付系統，將款項 HK$ _____ 轉數至 Rightman
　　Publishing Limited 的手提電話號碼 63119350，並把轉數通知連同訂閱表格一併寄回、 WhatsApp 至
　　63119350 或電郵至 info@rightman.net。

正文社出版有限公司
Scan me to PayMe

□ ④ 用香港匯豐銀行「PayMe」手機電子支付系統內選付款後，掃瞄右面 Paycode，
　　輸入所需金額，並在訊息欄上填寫①姓名及②聯絡電話，再按「付款」便完
　　成。付款成功後將交易資料的截圖連本訂閱表格一併寄回；或 WhatsApp
　　至 63119350；或電郵至 info@rightman.net。

八達通
Octopus

□ ⑤ 用八達通手機 APP，掃瞄右面八達通 QR Code 後，輸入所需付款金額，並
　　在備註內填寫❶ 姓名及❷ 聯絡電話，再按「付款」便完成。付款成功後將交
　　易資料的截圖連本訂閱表格一併寄回；或 WhatsApp 至 63119350；或電郵至
　　info@rightman.net。

八達通 App
QR Code 付款

如用郵寄，請寄回：「柴灣祥利街 9 號祥利工業大廈 2 樓 A 室」《匯識教育有限公司》訂閱部收

收貨日期 本公司收到貨款後，您將於以下日期收到貨品：

• 訂閱**兒童的科學**：每月 1 日至 5 日
• 選擇「☒ OK便利店 / 書報店取書」訂閱**兒童的科學**的訂戶，會在訂閱手續完成後兩星期內收到
　換領券，憑券可於每月出版日期起計之 14 天內，到選定的 ☒ OK便利店 / 書報店取書。
填妥上方的郵購表格，連同劃線支票、存款收據、轉數通知或「PayMe」交易資料的截圖，
寄回「柴灣祥利街 9 號祥利工業大廈 2 樓 A 室」匯識教育有限公司訂閱部收、WhatsApp 至
63119350 或電郵至 info@rightman.net。

訂閱雜誌

除了寄回表格，
也可網上訂閱！

兒童的科學 NO.206

請貼上 HK$2.0郵票（只供香港讀者使用）

香港柴灣祥利街9號
祥利工業大廈2樓A室
兒童的科學 編輯部收

有科學疑問或有意見、
想參加開心禮物屋，
請填妥問卷，寄給我們！

大家可用
電子問卷方式遞交

▼請沿虛線向內摺

請在空格內「✔」出你的選擇。

我購買的版本為：01□實踐教材版 02□普通版

*給編輯部的話

*開心禮物屋： 我選擇的禮物編號 _____

*我的科學疑難/我的天文問題：

*本刊有機會刊登上述內容以及填寫者的姓名。

有關今期內容

Q1：今期主題：「機率知識大探索」
03□非常喜歡　　04□喜歡　　05□一般　　06□不喜歡　　07□非常不喜歡

Q2：今期教材：「磁動決策儀」
08□非常喜歡　　00□喜歡　　10□一般　　11□不喜歡　　12□非常不喜歡

Q3：你覺得今期「磁動決策儀」容易使用嗎？
13□很容易　　14□容易　　15□一般　　16□困難
17□很困難（困難之處：_____）　　18□沒有教材

Q4：你有做今期的勞作和實驗嗎？
19□迷你破冰船　　　　20□實驗1：風筒令紙橋下塌
21□實驗2：用風筒取出瓶口的球

請沿實線剪下 ✂

請沿實線剪下 ✂

問　卷

讀者檔案

#必須提供

#姓名：		男 女	年齡：	班級：

就讀學校：

#居住地址：

	#聯絡電話：

你是否同意，本公司將你上述個人資料，只限用作傳送《兒童的科學》及本公司其他書刊資料給你？（請刪去不適用者）

同意/不同意 簽署：_____ 日期：_____年_____月_____日

（有關詳情請查看封底裏之「收集個人資料聲明」）

讀者意見

A 科學實踐專輯：人魚島出航記

B 海豚哥哥自然教室：聰明活潑的山羊

C 科學DIY：破冰船出航！

D 科學實驗室：風筒博士與氣壓的秘密

E 大偵探福爾摩斯科學鬥智短篇：
　小偷與貴婦（2）

F 科學快訊：糞便可舒緩老化？

G 誰改變了世界：X光發現者 倫琴

H 科技新知：神奇的AR翻譯眼鏡

I 地球揭秘：壺穴 侵蝕作用的奇觀

J 讀者天地

K 數學偵緝室：蘇格蘭場洗冤記

L 天文教室：星空多姿采

M 曹博士信箱：人們常說全球暖化，
　為甚麼冬天仍這麼冷？

N 科學Q&A：磁力的把戲

＊請以英文代號回答Q5至Q7

Q5. 你最喜愛的專欄：

第 1 位 22_____　第 2 位 23_____　第 3 位 24_____

Q6. 你最不感興趣的專欄：25_____　原因：26_____

Q7. 你最看不明白的專欄：27_____　不明白之處：28_____

Q8. 你從何處購買今期《兒童的科學》？

29☐訂閱　　30☐書店　　31☐報攤　　32☐便利店　　33☐網上書店

34☐其他：_____

Q9. 你有瀏覽過我們網上書店的網頁www.rightman.net嗎？

35☐有　　　36☐沒有

Q10. 你最喜歡以下哪些科目？（可選多項）

37☐中文　　　38☐英文　　　39☐數學　　　40☐常識

41☐音樂　　　42☐視藝　　　43☐體育　　　44☐電腦